探索学科科学奥秘丛书

有趣的化学

本书编写组◎编

TANSUO

XUEKE KEXUE

AOMI CONGSHU

世界图书出版公司

广州·北京·上海·西安

图书在版编目（CIP）数据

有趣的化学/《探索学科科学奥秘丛书》编委会编.
广州：广东世界图书出版公司，2009.9（2024.2 重印）
（探索学科科学奥秘丛书）
ISBN 978－7－5100－0704－0

Ⅰ. 有… Ⅱ. 探… Ⅲ. 化学—青少年读物 Ⅳ. 06－49

中国版本图书馆 CIP 数据核字（2009）第 146146 号

书　　　名	有趣的化学	
	YOUQU DE HUAXUE	
编　　　者	《探索学科科学奥秘丛书》编委会	
责任编辑	鲁名琰	
装帧设计	三棵树设计工作组	
出版发行	世界图书出版有限公司　世界图书出版广东有限公司	
地　　　址	广州市海珠区新港西路大江冲 25 号	
邮　　　编	510300	
电　　　话	020-84452179	
网　　　址	http://www.gdst.com.cn	
邮　　　箱	wpc_gdst@163.com	
经　　　销	新华书店	
印　　　刷	唐山富达印务有限公司	
开　　　本	787mm×1092mm　1/16	
印　　　张	10	
字　　　数	120 千字	
版　　　次	2009 年 9 月第 1 版　2024 年 2 月第 11 次印刷	
国际书号	ISBN　978-7-5100-0704-0	
定　　　价	48.00 元	

前　言
PREFACE

　　所谓化学，就是研究物质变化的一门学科。化学变化广泛地存在于我们的生产和生活中，如铁的生锈、节日的焰火、酸碱中和等等。

　　一个美丽的湖泊，却是一个令人恐怖的地方，人走到那里就会莫名其妙地死去，人们怀疑是妖怪在作怪；一个隐蔽的山洞，人走进去安然无恙，可是狗走进去就会莫名其妙地死去，这又是什么原因？事实上，这其中的奥秘都可以用化学来解释。

　　我们穿的衣服为什么会五颜六色，我们为什么能够让青青的苹果在很短的时间内变得成熟，变色眼镜又是怎么回事？虾和蟹被煮熟后为什么变成红色？在生活中，一些奇妙的变化让我们常常百思不得其解。事实上，这些问题也可以在化学知识中找到答案。

　　化学变化常伴有光、热、气体、沉淀产生或颜色气味改变等现象发生，更是有新物质的生成。而正是这些变化，造就了奇异的自然现象，改变了人类的生活。

　　宏观上，可以看到各种化学变化都产生了新物质，这是化学变化的特征。从微观上可以理解化学变化的实质：化学反应前后原子的种类、个数没有变化，仅仅是原子与原子之间的结合方式发生了改变。例如对于分子构成的物质来说，就是原子重新组合成新物质的分子。物质的化学性质需要通过物质发生化学变化才能表现出来，因此可以利用使物质发生化学反应的方法来研究物质的化学性质，制取新的物质。

化学变化千奇百怪，让人感到不可思议而又大开眼界。本书精选了一些让人感到不可思议的化学现象，揭示其背后的化学变化，用短小精悍的文字加以表达，既有趣味性——让你爱不释手，又有知识性——让你了解更多的化学知识。

不可思议的变化，为人类造福的化学，相信大家一定会爱上它。

目　录

神奇的元素

氢的杀伤力从何而来 ……………………………………… 1

让人类苦苦追录的元素——铼 …………………………… 3

在元素周期表上失踪的元素 ……………………………… 4

元素中"孪生兄弟" ………………………………………… 5

"死亡元素"——氟 ………………………………………… 7

在水中可以燃烧的钾元素 ………………………………… 10

离不开的氧元素 …………………………………………… 12

最轻的元素氢 ……………………………………………… 17

最轻的金属元素锂 ………………………………………… 19

人体不可缺少的元素——锌 ……………………………… 22

"照妖"元素硼 ……………………………………………… 24

隐藏在矿泉水里的铷元素 ………………………………… 26

荧光粉里的元素镉 ………………………………………… 28

与地球同名的元素——碲 ………………………………… 30

预知天气的钴 ……………………………………………… 31

用来驱除邪恶的硫 ………………………………………… 33

无机世界的主角——硅 …………………………………… 35

癌症的克星——镭 ………………………………………… 38

彩色的制造者——钒 ……………………………………… 40

半导体工业的"粮食"——锗 ················· 42

奇妙的物质

自来水中的异味 ································· 45

火的克星——二氧化碳 ····················· 47

在手中就能融化的金属 ····················· 48

轻金属中的钢——铍 ························· 49

制造核燃料的原料——钍 ················· 51

冶金工业的维生素 ··························· 52

"小太阳"的秘密 ····························· 53

五颜六色的铜 ································· 55

吸毒工具——活性炭 ······················· 56

防止钢铁生锈的金属铬 ····················· 58

畏热畏寒的锡 ································· 60

宇航新材料——钛 ··························· 61

战争金属——钼 ····························· 65

愚人金是什么 ································· 67

鲨鱼不敢碰的东西 ··························· 68

无法腐蚀的塑料 ····························· 69

醋是用什么做成的 ··························· 70

重水是水吗 ··································· 72

金属中也有"月老" ··························· 74

钡餐是什么 ··································· 75

记录地球变迁历史的钟表 ················· 76

用途广泛的玻璃水 ··························· 77

让海水变成淡水的物质 ····················· 79

生命之基蛋白质 ····························· 80

打开生命的钥匙——一氧化氮 ············· 82

令人吃惊的化学现象

鬼谷是怎么回事 ……………………………………… 84

气体为何能溶解在固体里 …………………………… 85

火为何能从水下喷出 ………………………………… 87

指纹是如何显现的 …………………………………… 88

口吞烈火是怎么回事 ………………………………… 88

马王堆女尸千年不腐之谜 …………………………… 89

蜡烛燃烧后完全消失了吗 …………………………… 90

恐怖的杀人湖 ………………………………………… 91

屠狗洞之谜 …………………………………………… 92

水妖湖真有妖怪吗 …………………………………… 93

让人发疯的村庄 ……………………………………… 95

死海不死之谜 ………………………………………… 95

斩妖术的秘密 ………………………………………… 97

"蒙汗药"究竟为何物 ……………………………… 99

"鬼火"之谜 ………………………………………… 100

石灰为何能煮鸡蛋 …………………………………… 101

在海上燃烧的魔火 …………………………………… 102

比冰还冷的干冰 ……………………………………… 103

千奇百怪化学湖 ……………………………………… 103

魔鬼谷是怎么形成的 ………………………………… 104

向外喷火的井 ………………………………………… 105

石头为何会流血 ……………………………………… 107

会喷火的牛 …………………………………………… 109

冰海下的鱼为何能够生存 …………………………… 110

叶子结冰是怎么回事 ………………………………… 111

萤火虫发光的奥秘 …………………………………… 114

花为何按时开放 ……………………………………… 116

动物也打化学战 ……………………………………… 118

我们身边的化学

暴食之谜 ………………………………………………… 121

寻找"超纯"的物质 …………………………………… 122

减压病是怎么回事 …………………………………… 123

"鬼剃头"是怎么回事 ………………………………… 125

玻璃上的花纹从何而来 ……………………………… 126

咖啡为什么是苦的 …………………………………… 127

二踢脚怎么会飞上天 ………………………………… 128

橡皮筋的弹性从何而来 ……………………………… 129

怎样制作乒乓球 ……………………………………… 130

珍珠为何能发光 ……………………………………… 131

煮熟的虾蟹为何变红 ………………………………… 133

头发里的化学 ………………………………………… 133

血液为何是红的 ……………………………………… 136

身体里的化学 ………………………………………… 137

奇妙的胃 ……………………………………………… 140

铝鸭子为何长出毛来 ………………………………… 142

不会燃烧的布条 ……………………………………… 142

玻璃可以溶在水中吗 ………………………………… 143

镜子是怎样制成的 …………………………………… 145

衣服的颜色从何而来 ………………………………… 147

火柴的来历 …………………………………………… 148

离不开的纤维 ………………………………………… 149

骨头的妙用 …………………………………………… 151

神奇的元素

SHENQI DE YUANSU

元素，又称化学元素，指自然界中一百多种基本的金属和非金属物质，它们只由一种原子组成，其原子中的每一核子具有同样数量的质子，用一般的化学方法不能使之分解，并且能构成一切物质。到 2007 年为止，总共有 118 种元素被发现，其中 94 种是存在于地球上。

在众多的元素中，一些是我们常见元素，比如氢、氮和碳等等，也有许多我们陌生、难以见到的元素，比如碲、锌、氟等。其实，不管这些元素是否常见，其神奇的一面也许会让我们叹为观止！

氡的杀伤力从何而来

氡的原子序数为 86，是稀有气体。1899 年欧文斯和卢瑟福在研究钍的放射性时发现氡，所以称之为钍射气，即氡 220；1900 年多恩在镭制品中发现氡 222；现已发现质量数 199～226 的全部氡同位素。其中天然同位素只有氡 219、220 和 222。

氡是无色无味的气体，易溶于有机溶剂，如煤油、二硫化碳等中；很容易吸附于橡胶、活性炭、硅胶和其他吸附剂上。氡较容易压缩成无色发磷光的液体，固体氡有天蓝色的钻石光泽。氡的化学性质极不活泼，已制得的氡化合物只有氟化氡，它与氙的相应化合物类似，但更稳定，更不易挥发。

氡主要用于放射性物质的研究，可做实验中的中子源；还可用作气体追踪剂，用于研究管道泄漏和气体运动等。

氡是所有气体中最重的，它的密度约是空气的 7 倍，它还是所有气体中唯一具有放射性的气体。氡的用途并不广泛，除了一部分用于科研和医疗外，几乎没有什么用途，相反，它还是严重的社会公害。

在发达的工业国家，氡气是仅次于吸烟的导致肺癌的因素。据调查，美国家庭住所的氡气浓度达到危害边缘的有几百万户，每年因氡气诱发肺癌的人有数万之多。在西欧，因氡气导致肺癌的人数也是成千上万。

为什么氡气会有这么厉害的杀伤能力呢？

这是因为氡能衰变成为钋，钋又会衰变成铋和铅离子。当人们吸入过量的氡气后，氡在衰变中产生的铅和铋离子就会积累在人体支气管和肺气管壁上，从而诱发肺癌。科学家们研究发现，当儿童血液中的铅的含量达到一定程度时，还可使他们智商下降，使他们的视觉、听觉和味觉受到损害。

那么，氡气又是怎样进入室内的呢？

原来，镭衰变产生氡后，一部分氡就会透过岩石中的裂缝升向地表，它可以从房屋的地基隔层或地板缝隙进入室内。由于来不及稀释和衰变，氡气在室内聚集，浓度增高，进而损害人体健康，就变成了隐藏在人们身边的一个隐形杀手。

那么，怎样才能降低室内含氡的量呢？（1）在建房选择地基时，有条件的可先请有关部门做氡的测试，然后采取降氡的措施。（2）在建筑施工和居室装饰装修时，尽量按照国家标准选用低放射性的建筑和装饰材料。（3）要注意房屋内的裂缝，及时进行修补。（4）做好室内的通风换气。（5）尽量减少或禁止在室内吸烟。

让人类苦苦追录的元素——铼

20 世纪 20 年代初，由于电气工业的发展，人们急切需要一种比钨更耐高温的金属。但是人们查遍了资料，在已经发现的金属中却找不到一种能够满足人们需要的金属。

这时人们想到了元素周期表，在周期表上，钨的旁边有一个空格——这个元素还没有被人类发现。根据化学元素周期律可以推知，这个没有被发现的元素的性质和钨很相似，也有很高的熔点，很可能满足电气工业的需要。

于是，人们开始有意识地去寻找这个元素。德国有一对化学家夫妇从 1922 年起，对 1 800 多种矿物进行分析，终于在 1925 年从铂矿中发现了这一元素，他们差不多用了 4 年的时间，处理了 660 千克的矿石，才只提炼出了一克的新金属。为了纪念他们的故乡——德国莱茵市，他们把新元素命名为铼。

为什么铼的发现时间会如此的晚呢？原来，铼不仅在地壳中的含量很少——只有 1/1 000 000 000，而且分布也十分分散，总是和其他的物质混合，直到现在人们还没有发现过它的独立矿物。因此，在一般的情况下，人们很难发现它。

铼也果然不负所望，它是电气工业上非常好的材料。它是一种灰黑色的金属，表面看来跟钢差不多，但比钢要重得多，1 立方米的铼重达 21 吨。铼的熔点高达摄氏 3 000 多度，只比最难熔的钨差一点。但是在高温真空中，钨丝的机械强度和可塑性会大大降低，不过只要在钨中加入少量的铼，就可以增强钨丝抗高温的本领。把铼镀在电灯的钨丝上，可以把电灯泡的寿命延长 5 倍。

铼的耐热性和耐高温性都很强。即使在摄氏 2 000 度以上，它仍然不会熔化。铼的这一性能是其他金属少有的，用它来制造人造卫星和火箭的外壳是再合适不过的了。

铼的化学性质很稳定，一般的酸碱都不能腐蚀它，即使把它放在腐蚀性极强的氢氟酸中，它依旧不改"英雄本色"。因此，在一般金属的表面镀一层铼，就可以防锈。

在元素周期表上失踪的元素

锝是第一个人工合成的化学元素，它的化学符号是 Tc，它的原子序数是43。锝是一种银灰色、有放射性的过渡金属。锝抗氧化，在潮湿的空气中缓慢失去光泽，在氧气中燃烧，溶于硝酸和硫酸。锝是地球上已知的最轻的没有稳定同位素的化学元素。那么，人们又是怎么认识和发现它的呢？

在元素周期表诞生以前，科学家们就开始从大自然中寻找锝，但是历尽千辛万苦，却都没有发现锝。1846 年，俄罗斯盖尔曼声称，从黑色钛铁矿中发现了这个元素，而且以这个矿石的名称命名它为 Ilmenium，并且测定了它的原子量约 104.6，它的一些性质与锰相似。接着，1877 年，俄罗斯圣彼得堡的化学工程师克恩发表发现了一种在钼和钌之间的新元素的报告，其原子量经测定等于 100。但它却被另一些化学家证明是铱、铑和铁的混合物。1908年，日本化学家小川声称从方钍石中发现这一元素并命名其为 Nipponium；到1924 年，又有化学家报告，利用 X 射线光谱分析从锰矿中发现了这一元素，命名为 Moseleyum。迟至 1925 年，德国科学家也宣布，在铌铁矿中发现了这一元素。但这些发现都没有被证实和承认，于是 43 号元素被认为是"失踪了"的元素。

到了 20 世纪 20 年代，一些德国的科学家们从元素周期表中发现了这样的规律：同一族过渡金属中第二行和第三行的元素一般都"形影不离"，伴生在一起，比如铌和钽、钼和钨，人们都是在同一种矿石中发现它们的。科学家们马上对各种矿石进行了认真的研究分析，最后推断出，在铂矿和铌铁矿中含有这种新元素。他们又对这两种矿石开始了研究，令人失望的是，人们在铂矿中一无所获。就当铂矿的研究失败时，人们在铌铁矿中却意外地发现了 75 号元素铼，在发现铼的同时，科学家们还捕捉到了一些 43 号元素的蛛丝马迹。可是糟糕的是，它又消失了。科学家们甚至还来不及测量一下它的

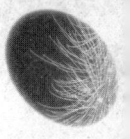

性质，从此以后，43号元素又变得石沉大海。

在1937年，科学家们在"原子锅炉"中用中子"炮弹"轰击钼原子核，终于得到了少量的锝，人们终于揭开了它的真实面目。

由于锝的化学性质跟铼很相似，具有较好的抗腐蚀性能，并且不容易吸收中子，因此是建造核反应堆防腐层的理想材料。锝和它的合金还可以用来制造超导体，它还可以用在医院的临床诊断中。随着科学的发展，锝对人类的贡献会越来越大。

元素中"孪生兄弟"

铌和钽在元素周期表里是同族，它们的物理、化学性质十分相似，而且常常"形影不离"，在自然界中相伴相生，真像一对"孪生兄弟"啊。而事实上，人们在19世纪当初第一次发现铌和钽的时候，还以为它们是同一种元素呢。后来又过了几十年后，人们用化学方法第一次把它们分开，这才发现它们原来是两种金属元素。

铌和钽都是稀有高熔点金属，它们的性质和用途也有不少相似之处。而铌、钽最主要的特点当然是耐热。它们的熔点分别高达摄氏2 400多度和将近摄氏3 000度。所以在一些高温高热的流程里，特别是制造摄氏1 600度以上的真空加热炉，钽金属是十分适合的材料。

在一些加工中，常常加一些其他金属以弥补加工金属的不足。如用铌作合金元素添加到钢里，能使钢的高温强度增加，加工性能改善。铌、钽与钨、钼、钒、镍、钴等一系列金属合成，得到的"热强合金"，可以用作超音速喷气式飞机和火箭、导弹等的结构材料。目前科学家们在研制新型的高温结构材料时，已开始把注意力转向铌、钽，许多高温、高强度合金都有铌和钽的参加。

铌和钽本身的性格就很"坚韧"，而他们的碳化物更有"个性"。用铌和钽的碳化物作基体制成的硬质合金，有很高的强度和抗压、耐磨、耐蚀的特质。在所有的硬质化合物中，碳化钽的硬度是最高的。用碳化钽硬质合金制成的刀具，能抗得住摄氏 3800 度以下的高温，硬度可以与金刚石匹敌，使用寿命比碳化钨更长。

钽在外科医疗上也占有重要地位，它不仅可以用来制造医疗器械，而且是很好的"生物适应性材料"。用钽片可以弥补头盖骨的损伤，钽丝可以用来缝合神经和肌腱，钽条可以代替折断了的骨头和关节，钽丝制成的钽纱或钽网，可以用来补偿肌肉组织……在医院里，有时还会有这种情况：用钽条代替人体里折断了的骨头之后，经过一段时间，肌肉居然会在钽条上生长起来，就像在真正的骨头上生长一样。所以人们又把钽称之为"亲生物金属"。

那么为什么钽在外科手术中能有这样奇特的作用呢？这是因为它有极好的抗蚀性，不会与人体里的各种液体物质发生作用，并且几乎完全不损伤生物的机体组织，对于任何杀菌方法都能适应，所以可以同有机组织长期结合而无害地留在人体里。

除了在外科手术中有这样好的用途外，科学家利用铌、钽的化学稳定性，还用它们来制造电解电容器、整流器等等。特别是钽，目前约有一半以上用来生产大容量、小体积、高稳定性的固体电解电容器，全世界每年都要生产几亿只。钽电解电容器具有很多其他材料比不上的优点，它比跟它一般大小的其他电容器的电容量大 5 倍，而且非常可靠、耐震，工作温度范围大，使用寿命长，现在已经大量地用在电子计算机、雷达、导弹、超音速飞机、自动控制装置以及彩色电视、立体电视等的电子线路中。让我们最惊叹的是，它们逼近能在极高温度的环境里顽强地工作，而且还能在超低温的条件下出色地为我们服务。

科学家很早就发现，当温度降低到接近绝对零度（相当于摄氏零下 273 度）的时，有些物质的化学性质会发生突然的改变，变成一种几乎没有电阻的"超导体"。物质开始具有这种奇异的"超导"性能的温度叫临界温度。各种物质的临界温度都不一样。要知道，要达到超低温度是非常困难的，因此我们对超导物质的要求，当然是临界温度越高越好。而铌就是其中临界温度最高的一种。而用铌制造的合金，临界温度高达绝对温度 18.5～21 度，是目前最重要的超导材料。

科学家曾做过这样一个实验：把一个冷到超导状态的金属铌环，通上电

流然后再断开电流，然后，把整套仪器封闭起来，保持低温。过了两年半后，人们把仪器打开，发现铌环里的电流仍在流动，而且电流强弱跟刚通电时几乎完全相同！从这个实验可以看出，超导材料几乎不会损失电流。如果使用超导电缆输电，因为它没有电阻，电流通过时不会有能量损耗，所以输电效率将大大提高。

高速磁悬浮列车的车轮部位安装有超导磁体，使整个列车可以浮起在轨道上约 10 厘米。这样一来，列车和轨道之间就不会再有摩擦，减少了前进的阻力。一列乘载百人的磁悬浮列车，只消 100 马力（73.5 千瓦）的推动力，就能使速度达到 500 千米/时以上。

用一条长达 20 千米/时的铌锡带，缠绕在直径为 1.5 米的轮缘上，绕组能够产生强烈而稳定的磁场，足以举起 122 千克的重物，并使它悬浮在磁场空间里。如果把这种磁场用到热核聚变反应中，把强大的热核聚变反应控制起来，那就有可能给我们提供大量的几乎是无穷无尽的廉价电力。

"死亡元素"——氟

氟可以说是化学性质最活泼、氧化性最强的物质了。在一般情况下，氟气是一种浅黄绿色的、有强烈助燃性的、刺激性毒气，元素符号为 F。氟可以和所有的非金属和金属元素反应，连黄金在受热以后也会跟氟反应。氟跟水的反应也十分激烈，可以生成氟化氢和氧，以及较少量的过氧化氢、二氟化氧和臭氧。氟还有强腐蚀性和毒性。

氟虽然是卤族元素第一号元素，但是发现时间较晚。氟在 1886 年由法国化学家弗雷米的学生莫瓦桑制得。但是在氟被发现以前，它被人们认为是一种"死亡元素"，让人不敢接近。这是为什么呢？

其实在氟被发现以前，人们就在 1768 年发现了氟的化合物——氢氟酸。起初人们认为它是一种新元素，许多化学家都进行实验，希望从氢氟酸中提出氟单质。但是氢氟酸是氟化氢气体的水溶液，它具有很强的腐蚀性。能腐蚀铜铁、玻璃等，对硅的化合物也有强腐蚀性。氢氟酸能挥发出大量的氟化氢气体，而氟化氢有剧毒，吸入少量，就使人难受得不得了。

尽管当时的化学家在做实验的时候，采取了许多的措施来保护自己不受氟化氢的毒害，但是由于氟化氢的腐蚀性太强了。许多化学家还是由于吸入过量的氟化氢而死去，还有许多化学家由于中毒而被迫放弃了实验。又由于当时条件和科技水平的限制，最后许多化学家都停止了实验，氟被人们称之为"死亡元素"。那么，氟真的是"死亡元素"吗？

当然不是。在1886年，英国化学家莫瓦桑在总结前人的经验教训并采用先进科学技术的基础上终于制出了氟气，氟终于作为一种单质被人们分离了出来。

氟元素被发现后，人们也发现了它许多奇妙的性质。

耐脏的衣服

衣服总是穿不了几天就变脏了，有时候还会沾上油污，很难清洗，那么有没有一种耐脏而且不怕油污的衣服呢？

答案是有的。只要在衣料上涂抹一种氟的化合物，用这种衣料缝制的衣服就会不怕脏也不怕油污了。为什么这种氟化物会有这样的作用呢？

原来，这种氟化物对油污和水有一种"阻拦"作用。举例来说，在汽油中添加3/100 000的该氟化物，就能防止汽油的挥发，减少汽油的危险性，做实验时往溶液中加入一些氟的化合物，就可防止产生的气体把溶液带走，这不但改善了环境卫生，也减少了溶液的消耗。

在衣服上涂这种氟化物的原理和上面的例子是一样的，它能防止汗水和油污沾在衣服上，从而使衣服显得耐脏，即使脏了，也比较容易洗去。

用氟制造的显微镜

显微镜是能让我们看到细胞的神奇工具。当我们采些植物标本放在显微镜的镜头下，我们就会看到植物的细胞，而用我们的肉眼是看不到的。

但是显微镜的镜头是用什么做成的呢？显微镜的镜头是由玻璃和氟的一种化合物磨制而成。

镜头上为什么要用氟的化合物呢？原来，普通玻璃都会反射光线，当光

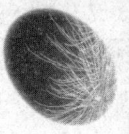

线通过棱镜或透镜时，总会有不同程度的损失，其中的大部分是由于玻璃的反射造成的。这对普通玻璃来说算不了什么，可是对一部精密的光学仪器来说，就了不得了。镜头上损失的一些光线可能就会造成科学研究上的重大失误。

所以，一部精密的光学仪器要求入射光线的损失降低到最小的程度，而普通的玻璃是办不到这一点的。

人们在玻璃的表面涂上一层薄薄的氟化物之后，玻璃反射光线的能力一下子降到了原来的1/10，这样就大大地提高了光学仪器的效率和科学研究的准确性。

这种表面涂氟化物的化学玻璃在照相机上也有很重要的作用，用它做成的照相机镜头能吸收物体反射过来的差不多所有的光线，因而照出的相片更清晰、更好看。

玻璃一般都是透明的，可是，在普通玻璃中加进一些氟化物后，就可以制造出一种乳白色的玻璃，利用这种玻璃制造的灯泡可以降低钨丝的耀眼程度，还可以使灯泡发出的光线比以前更亮，真是一举两得。

龋　齿

1916 年，美国科罗拉多州一个地区的居民都得了一种怪病，无论男女老幼，牙齿上都有许多斑点，当时人们把这种病叫做"斑状釉齿病"，现在人们一般都把它称作"龋齿"。这里的居民为什么会得这种病呢？

原来是由于这里缺氟。氟是人体必需的微量元素，它能使人体形成强硬的骨骼并预防龋齿。而当地的水源中缺少氟，人们长期饮用，因而对龋齿的抵抗力下降，全都患了病。

为何人体缺氟会患上龋齿呢？这是因为我们每天吃的食物，都属于多糖类，吃完饭后如果不刷牙，就会有一些食物残留在牙缝中，在酶的作用下，它们会转化成酸，这些酸会跟牙齿表面的珐琅质发生反应，形成可溶性的盐，使牙齿不断受到腐蚀，从而形成龋齿。而如果我们每天吸收适量的氟，那么氟就会以氟化钙的形式存在于骨骼和牙齿中。氟化钙很稳定，口腔里形成的酸液腐蚀不了它，因而可以预防龋齿。

为了防止龋齿，人们在缺氟的地方补充了一些氟。人们还研发出氟牙膏，它们所含的氟化物会加固牙齿，不受腐蚀，而且，有些氟化物还能阻止口腔中酸的形成，这就从根本上解决了问题，效果也十分明显。

在水中可以燃烧的钾元素

钾是碱金属元素，原子序数为 19。在常态下，钾具有银白色光泽，质地十分柔软，可以用小刀切割。钾的熔点很低，只有摄氏 63 度，就是说，只要温度升高到摄氏 63 度，金属钾就变成水银般的液体了。钾的比重很小，它比水还轻。

钾的化合物在很早的时候就被人类利用，古人就知道草木灰中存在着钾草碱（即碳酸钾），可用作洗涤剂，硝酸钾也被用作黑火药的成分之一。但钾的化合物特别稳定，难以用常见的还原剂（如碳）从钾的化合物中将金属钾还原出来。一直到 1807 年，英国大化学家戴维才用电解氢氧化钾熔液的方法制得金属钾。钾在地壳中的含量为 2.59%，占第七位。在海水中，除了氯、钠、镁、硫、钙之外，钾的含量占第六位。

钾的化学性质十分活泼，刚刚切开的金属钾极容易被氧化形成氧化钾。钾与水反应剧烈，当把一块钾放入水里时，你就会看到它不断地浮起落下，周身还冒出火焰。一会儿再看，水中的钾就消失了。原来，它跟水发生反应生成了氢氧化钾，氢氧化钾溶解在水中，所以就看不到了。钾同酸的水溶液反应更加猛烈，几乎能达到爆炸的程度。由于钾的性质太过活泼，所以通常人们就将钾放进煤油里来保存。

在三国战乱时期，有一天的中午，曹操带着队伍去打仗，走在半路上，士兵们都非常口渴。可是附近一点水也没有，怎么办呢？曹操想出了一个好办法，他对士兵们说，他知道这儿的地形，在前面不远处，有一个梅园，到那儿可以搞梅子吃。听了这话，士兵们顿时来了劲，口也不觉得渴了，行军也加快了。后来人们把这个故事总结为一个成语，叫"望梅止渴"。

那么望梅为什么能够解渴呢？

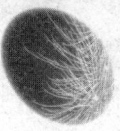

　　原来，梅子中含有钾元素。人们觉得口渴，是由于体内的盐分特别多，造成钠离子过剩，而钾离子能使人体内多余的钠排出体外，所以当人们感到口渴时，吃一些梅子、苹果就可以止渴。当吃过几次后，吃梅解渴就对大脑形成了命令，所以当有人说到梅子时，在条件反射的作用下，虽然没有吃到梅子，但口里也分泌出一些唾液。唾液可以湿润咽喉，使人不觉得口渴。故事中的"望梅止渴"就是这个道理。

　　钾还是植物不可缺少的元素，钾能帮助植物合成碳水化合物。谷类作物如果没有钾的帮助，结的谷粒就很少，而且其中淀粉的含量不多。缺了钾，植物的幼苗就会发育不良，茎秆柔弱无力，风一吹就会倒下，还会生出许多病来。钾还帮助植物吸收氮，形成蛋白质。比如说，豌豆幼苗在没有钾的帮助下，蛋白质的含量只有50%，而有了钾的帮助，蛋白质的含量会提高到70%。科学家们研究发现，在植物体中，钾与蛋白质的分布是一致的，蛋白质多的地方，钾离子也很多，这也说明钾和蛋白质的关系很"亲密"。所以，在植物的生长过程中需要大量的钾。平均起来，每收获1吨小麦或马铃薯，就等于从土壤中取走5千克钾；收获1吨甜萝卜，相当于取走2千克钾。全世界平均每年要从土壤中取走2 500万吨钾！但是农民一般不往地里施钾肥，而是施用农家肥料，包括草木灰和家畜的粪便。草木灰里含有大量的钾。这是因为植物本来就从土壤中吸收了很多钾。那么，把它烧成灰后，灰中当然也就含有钾。在每吨粪便中，也大约含有6千克的钾，因此农民就不用再施用钾肥了。

　　钾对人类来说也十分的重要。钾可以调节细胞内适宜的渗透压和体液的酸碱平衡，参与细胞内糖和蛋白质的代谢。有助于维持神经健康、心跳规律正常，可以预防中风，并协助肌肉正常收缩。在摄入高钠而导致高血压时，钾具有降血压作用。人体钾缺乏可引起心跳不规律和加速、心电图异常、肌肉衰弱和烦躁，最后导致心跳停止。

　　钾可以用来制造钾钠合金，在有机合成中用作还原剂，也用于制光电管等。钾的化合物在工业上用途很广，钾盐可以用于制造化肥及肥皂。

知识点

草木灰

草木灰是柴草燃烧后形成的灰肥,是一种质地疏松的热性速效肥。除含速效钾(5%~15%)外,还含有磷、钙、铁、镁、硫等有效养分。钾在植物体内能促进氮素代谢及糖类的合成与运输,可促使植株生长健壮,增强其抗病虫与自然灾害的能力,此外还具有提高植物抗旱能力的作用。草木灰在林果生产中具有广泛的用途。

离不开的氧元素

氧气是地球上含量最多、分布最广的元素。据统计,氧在地壳中的含量为48.6%。单质氧在大气中占23%。

有意思的是,少量的纯净的氧气是无色的,而大量的氧气聚集在一起,会显示出浅蓝色。

氧的化学性质比较活泼,能与大部分的元素化合形成氧化物。它是一种重要的助燃剂,煤、木柴、汽油等,没有它就不能燃烧。甚至连各种金属也会在氧气中燃烧,比如铁丝在空气中加热只会发红,在氧气中却能猛烈燃烧并发出耀眼的白光。

1775年,法国画家拉瓦锡在实验中发现了一种新的气体,他认为这是一种新元素,把它命名为"氧"。一直到现在有不少人还认为拉无锡是氧元素的发现者。但是拉瓦锡并不是最早发现氧气的人。这是怎么回事呢?原来在1771年—1772年,瑞典化学家舍勒在实验中得到了一种新的气体,他把燃着的蜡烛放在这个气体中,火烧得更加旺了,于是他把这个气体称为"火空气",接着他又发现这种气体比普通的空气要重。但是舍勒很早以前就相信了一种错误的说法,即任何气体都不能单独存在。他坚持认为这种"火空气"不是元素,所以没有继续进行研究,白白地错过了发现氧元素的大好机会。

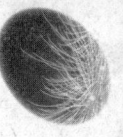

到了 1774 年，英国科学家普列斯特里也在实验中发现了氧气，当时他把它叫做"脱离燃素的空气"。他把点着的木料放进这种新的"空气"中，发现火更旺了，发出了白光。他又把老鼠关闭在充满这种"空气"的玻璃钟罩里，发现老鼠比在充满普通空气的同一个玻璃钟罩内活得时间长。他又亲自尝试吸入这种"空气"，感到非常轻松愉快。但是，跟舍勒完全一样，普列斯特里也上了那个说法的大当，他也认为这种"空气"不是一种新元素。只是在实验记录中写下了这样两句话："谁能想到，这种纯洁的空气在若干年后也许会变成时髦的奢侈品呢？当然，到现在为止，只有两只老鼠和我本人享受过这种空气"。然后他也放弃了研究。

这一年的 10 月，普列斯特里来到了巴黎，他见到了拉瓦锡，并向他讲了自己的实验结果和这种"脱离燃素的空气"的性质。

拉瓦锡听完后深受启发，在 1777 年连续进行了 12 天的实验后，他向世界宣布：他发现了一种新的元素——氧。舍勒和普列斯特里失去的机会终于被拉瓦锡抓住了，这件事也说明了科学只偏爱那些在前进路上锲而不舍的人。

也有人说世界上最早发现氧气的是我国唐朝的炼丹家马和。马和认真地观察各种可燃物，如木炭、硫黄等在空气中燃烧的情况后，提出的结论是：空气成分复杂，主要由阳气（氮气）和阴气（氧气）组成，其中阳气比阴气多得多，阴气可以与可燃物化合把它从空气中除去，而阳气仍可安然无恙地留在空气中。马和进一步指出，阴气存在于青石（氧化物）、火硝（硝酸盐）等物质中。如用火来加热它们，阴气就会放出来，他还认为水中也有大量阴气，不过很难把它取出来。马和的发现比欧洲早 1 000 年。

棉花在一般情况下，秉性"温和"，然而将棉花浸在液态氧里后，它就成了炸药。遇见火星，它就会发生爆炸。这是为什么呢？

这和液态氧有关。棉花的化学成分是纤维素，这是一种可燃物质，而氧气在工业上是重要的助燃剂，一遇火星，就发生燃烧，放出大量的二氧化碳气体，同时过剩的液态氧迅速蒸发变成气体。据计算，在摄氏零度的条件下，1 立方米液态氧蒸发后可变为 874 立方米的氧气，而在摄氏 100 度下，氧气的体积约为 4 000 立方米，比液态时增大了 4 000 倍，因此，爆炸时的威力非常大。然而，这种炸药的"寿命"不太长，一般只有十几分钟至 1 小时，在战场上不适用，因此常被用来开矿、挖渠、修水库等。

氧被大量用于熔炼、精炼、焊接、切割和表面处理等冶金过程中；液态氧是一种制冷剂，也是高能燃料氧化剂。它和锯屑、煤粉的混合物叫液氧炸药，是一种比较好的爆炸材料，氧与水蒸气相混，可用来代替空气吹入煤气气化炉内，能得到较高热值的煤气。液体氧也可作火箭推进剂，氧气又是许多生物过程的基本成分，因此氧也就成了担负空间任何任务是需要大量装载的必需品之一。医疗上用氧气疗法，医治肺炎、煤气中毒等缺氧症。石料和玻璃产品的开采和生产均需要大量的氧。

氧气还有一个兄弟——臭氧。一个氧气分子是由 2 个氧原子构成，而臭氧分子含有 3 个氧原子。臭氧是在常温常压下，呈淡蓝色的气体，伴有一种自然清新的味道，臭氧的稳定性极差，在常温下可自行分解为氧气，因此臭氧不能贮存，一般现场生产，立即使用。它是由于大气中氧分子受太阳辐射分解成氧原子后，氧原子又与周围的氧分子结合而形成的，含有 3 个氧原子。

臭氧对人体有害，如果人呼吸的空气中含有大量的臭氧，很短时间内就会出现咳嗽，严重时呼吸短促、头痛、疲倦、鼻子出血，这就是臭氧病。减轻臭氧病的简便办法是用湿布捂住鼻子，用口来呼吸。

但是臭氧也是对人的生存环境大有裨益的。臭氧大部分存在于大气层中，高空中的臭氧层能吸收大部分太阳紫外线，从而减少人类皮肤癌的发病率。有意思的是稀薄的臭氧并不臭，反而给人清新的感觉。在雷雨以后，空气十分的清新。原来在电击下，少量的氧气变成了臭氧，对空气有杀菌和净化作用。在松林里，有很多有机树脂也容易被氧化而放出臭氧，因此，一些疗养院常常设在松林之中。

是近年科学家发现地面附近大气中的臭氧浓度有快速增高的趋势，这就令人感到不妙了 这些臭氧是从哪里来冒出来的呢？同铅污染、硫化物等一样，它也是源于人类活动，汽车、燃料、石化等是臭氧的重要污染源。在车水马龙的街上行走，常常看到空气略带浅棕色，又有一股辛辣刺激的气味，这就是通常所称的光化学烟雾。臭氧就是光化学烟雾的主要成分，它不是直接被排放的，而是转化而成的，比如汽车排放的氮氧化物，只要在阳光辐射及适合的气象条件下就可以生成臭氧。随着汽车和工业排放的增加，地面臭氧污

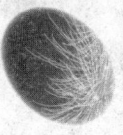

染在欧洲、北美、日本以及我国的许多城市中成为普遍现象。因此如何控制臭氧的排放和形成越来越受到人们的关注。

氧气是生命的元素，地球上大部分生物的呼吸、人类的生活活动都与氧气有关。据测，成年人来说，每人每天大约要呼吸 11 000 多升氧气。这样下去，氧气会不会用光呢？19 世纪，英国一位科学家十分担忧地说道："随着工业的发达与人口的增多，500 年后，地球上的氧气都将用光，人类也将灭亡！"这位科学家的担忧是多余的，因为因为地球上的氧气是取之不尽、用之不竭的。

这是为什么呢？人们曾经做过一个实验：采集植物的绿叶，浸在水中，放在阳光下，很快地，叶子会不断地吐出一个小水泡。如果用一支试管收集这些气体，并把一块点燃的木条伸进试管，木条会猛烈地燃烧，这就证明了试管中收集到的是氧气。如果再往水里通进二氧化碳，就可以发现，通进去的二氧化碳越多，绿叶排出的氧气就越多。

原来，地球上绿色植物在阳光作用下，绿叶会吸收空气中的二氧化碳，与从根部运来的水分、养料化合变成淀粉、葡萄糖等，同时放出氧气，这个过程就是"光合作用"。每一时刻，只要有光，绿色植物就会进行光合作用。也就是说只要世界上存在着绿色植物，氧气就会被源源不断地生产出来，人类完全不用担心氧气会用完。所以，我们要爱护环境，爱护绿色植物。

氧气并非全是好处，它也有坏处。它能使金属生锈。铁丝放在空气中，经过风吹雨打，时间不长就会出现锈斑，这是自然界中的一大损失。据统计，全世界每年由于生锈而报废的钢材，约占钢材年产量的 1/3。目前全世界年产金属 3 亿吨以上，由于生锈直接损失的金属达 3 000 万吨以上。这些生锈的产品还会污染环境。食品、医院如被污染，就会对人的身体造成危害。有些机器设备由于生锈还会发生爆炸、燃烧和中毒事故。为此，人们采取了许多防护办法，如在金属表面涂抹油脂、刷油漆、覆盖搪瓷、电镀和其他方法来防止氧的危害。

在医学上，病人缺氧时会吸纯氧，但是过度吸纯氧会对身体造成损害。早在 19 世纪中叶，英国科学家保尔·伯特就发现，如果让动物呼吸纯氧会引起中毒，人类也同样。人如果在大于 0.05 兆帕压强（半个大气压）的纯氧环境中，氧对所有的细胞都有毒害作用，吸入时间过长，就可能发生"氧中毒"。肺部毛细管屏障被破坏，导致肺水肿、肺淤血和出血，严重影响呼吸功能，进而使各脏器缺氧而发生损害。甚至会引起脑中毒，生命节奏紊乱，精神错乱，记忆丧失。此外，过量吸氧还会促进生命衰老。进入人体的氧与细胞中的氧化酶发生反应，可生成过氧化氢，进而变成脂褐素。这种脂褐素是加速细胞衰老的有害物质，它堆积在心肌，使心肌细胞老化，心功能减退；堆积在血管壁上，造成血管老化和硬化；堆积在肝脏，削弱肝功能；堆积在大脑，引起智力下降，记忆力衰退，人变得痴呆；堆积在皮肤上，形成老年斑。

臭氧主要功能

食物净化：由表及里的降解果蔬、粮食中残留的化肥、农药等有毒物质，清除肉、蛋中的抗生素、化学添加剂、激素等有害物质，杀灭海鲜中容易引起中毒的嗜盐性菌。

消毒灭菌：将清洗后的餐饮用具放入水中通入臭氧可去除洗涤剂残留物，杀灭细菌、病毒，还可对衣物、毛巾、抹布、袜子等进行水介质消毒、除味。

空气净化：可有效去除室内烟尘或装饰材料的异味，降尘灭菌，增加空气含氧量，清新空气。

果蔬保鲜、防霉：家庭果蔬保鲜只需往袋装果蔬中通入臭氧可延长保鲜期，也可用于菜窖防霉、果蔬运输。

洗浴、美容、保健：洗臭氧浴在国外已成为时尚，经常洗臭氧浴能排除体内毒素，活化表皮细胞，消除痤疮，美白皮肤，对风湿病、皮肤病、妇科病、糖尿病及灰指甲等有良好疗效。

除臭：因臭氧有很强的氧化分解能力，可迅速而彻底的消除空气中、水中的各种异味。

最轻的元素氢

氢位于元素周期表第一位，原子序号为1，相对分子质量为1。氢也是最轻的元素。

氢通常的单质形态是氢气。它是无色无味无臭、极易燃烧的双原子气体。氢气也是最轻的气体。我们是如何知道氢气是最轻的呢？可以做一个实验，可以用肥皂泡来比较。用金属锌和盐酸反应制出氢气，把氢气通入肥皂水中，吹肥皂泡。同时，用没有通过氢气的水吹肥皂泡。我们会看到充满氢气的肥皂泡比一般肥皂泡上升得更高。这是因为氢气特别轻，它只是空气质量的1/29。人们利用氢气特别轻这个特性，用它来充气球和飞艇。

地球上和大气中只存在极少的游离态的氢。在地壳里，如果按重量计算，氢只占总重量的1%，而如果按原子百分数计算，则占17%。但在整个宇宙中，氢却是最多的元素。据研究，在太阳的大气中，按原子百分数计算，氢占81.75%。在宇宙空间中，氢原子的数目比其他所有元素原子的总和约大100倍。美丽的银河系就是在120亿～150亿年前由蕴藏量最丰富的氢元素逐渐演变而来的。即在高于 7×10^6 开（绝对温度）时，氢的原子核发生聚变反应，变成氦的原子核，然后再由氦原子核变为碳原子核和氧原子核，以至于其他许许多多的化学元素。因此，氢往往被认为是化学元素的起源。

尤其随着能源危机时代的到来，人类开始探索新的可循环利用的能源，而氢就是首选之一。氢气燃烧以后生成水，它对环境不造成任何污染。因此氢气有"无污染能源"的美称；从广义的角度来说，氢能还包括氢的两种同位素（氘与氚）发生核聚变以后释放的能量，比氢释放的能量要大得多。

现在氢已经是重要的工业原料，可以用来合成氨和甲醇，也用来提炼石油。在高温下用氢将金属氧化物还原以制取金属比起其他方法来，产品的性质更易控制，同时金属的纯度也高，所以氢广泛用于钨、钼、钴、铁等金属粉末和锗、硅的生产。

人们利用氢气与氧气化合时放出大量的热来切割金属。利用氢的同位素

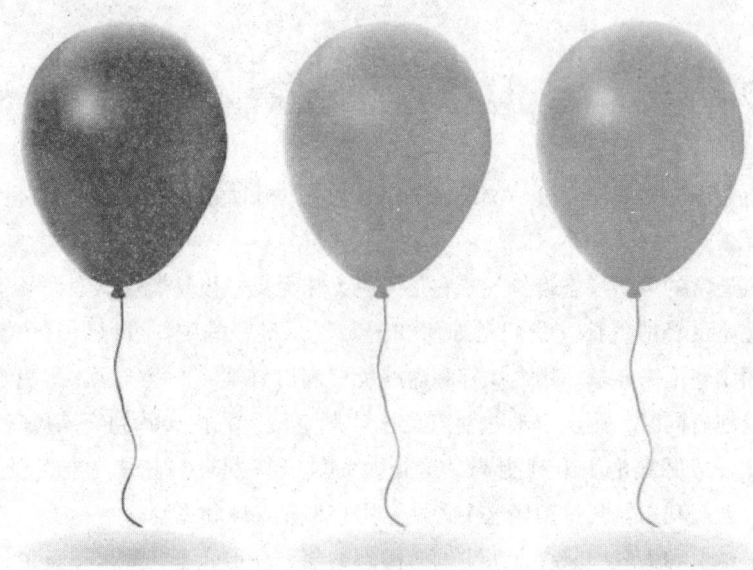

氢气球

氘和氚的原子核聚变时产生的能量能生产杀伤和破坏性极强的氢弹，其威力比原子弹大得多。

现在氢已经发展为一种可替代石油的未来清洁能源，用于汽车等燃料。氢发动机汽车是 1970 年开始研制的，从 1980 年起日本的研制工作一直领先于欧美。1982 年，国际氢能源协会在美国洛杉矶召开国际氢汽车行车距离比赛，日本武藏工业大学研究小组制造的"武藏 5 号"氢发动机汽车，用 80 升液氢，行驶了 400 千米。1990 年，武藏大学在日产汽车公司协助下，推出了以氢为燃料，时速可达 125 千米的新型汽车。现在，美国和德国也正在研制使用氢气为燃料的小型客车。有的国家还在研究将氢气用作飞机燃料。

但是使用氢气也有一些弊端，据 2003 年科学家发现，使用氢燃料会使大气层中的氢增加约 4～8 倍。可能会让同温层的上端更冷、云层更多，还会加剧臭氧洞的扩大。因此，如何使得氢燃料对大气的影响降到最低，还有待科学家进行研究。

氢有 3 种同位素：氢、氘（又名重氢）和氚（又名超重氢）。这三种同位

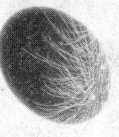

素的含有相同的质子数，都为 1。但是中子数不同，氢原子核中不含中子，氘原子核含有 1 个中子，氚原子核含有 2 个中子，因此它们的质量数分别是 1、2 和 3。在天然的氢气中，氢占 99.984%，氘只占 0.016%，氚的含量更少，氚大部分是由宇宙射线中的中子和质子轰击上层大气中的氮而形成的。

由氘和氧化合而成的叫做重水，在天然水中，重水的含量约占 0.015%。重水主要用作核反应堆的慢化剂和冷却剂，用量可达上百吨。它可以减小中子的速率，使之符合发生裂变过程的需要。重水也是研究化学和生理变化中使用的材料。浓而纯的重水不能维持动植物的生命，其致死浓度为 60%。重水在自然界中十分的珍贵。制造 1 千克重水要消耗掉 6 万度电和 100 吨水，这比制造黄金的代价要大得多。而超重水更是稀有（由氚和氧组成的化合物叫超重水，每个超重水是由 2 个氚原子和 1 个氧原子构成），只能靠人工的方法制得。制造超重水需要消耗十亿吨原子能量，可想而知超重水很珍贵。

近年来，氘和氚已经成为引人注目的元素，这是因为它们的原子核在高温下可以聚合起来，并放出大量的热能。通常把这一反应称为热核反应，它放出的热能比原子核裂变反应（即原子弹和原子核反应堆所发生的反应）大 10 倍。在地球上，第一次利用热核反应的是氢弹。氢弹里面其实没有氢，里面装的是氘和一颗原子弹。当原子弹爆炸后，它所产生的能量把氘加热到非常高的温度，从而引发了热核反应。

最轻的金属元素锂

金属给我们的印象一般是沉甸甸的，但是也有的金属却很轻，比如稀有金属锂。纯锂的比重跟干燥木材差不多，等于号称轻金属的铝的比重的 1/5，同体积的纯锂几乎只有同体积水的重量的 1/2。即使把锂扔到汽油里，它也会像纸片一样轻轻地浮起来。

锂不仅是自然界最轻的金属，而且也是在普通温度条件下呈固态的一般材料中最轻的一种。除了体重特别轻之外，锂的另一个特点是非常软，富有延展性，可以打薄成片，可以拉伸成丝，压制加工都很方便。锂和钠一样，可以用小刀毫不费力地切开。刚切开的锂切面呈银白色，但是由于锂的性质十分的活泼，有很强的化学反应能力，所以当锂切面一接触潮湿空气就会黯然失色——锂跟空气中的氧、氮等气体迅速化合，生成一层淡黄色或黑色的薄膜覆盖在表面。

在自然界中，锂还算是含量比较多的一种元素，它占地壳总原子数的2/10 000。在盐层、海水、盐湖、矿泉中，含有许多可溶的锂的化合物。锂的化学性质非常活泼，它能跟各种气体反应，比如像氧气、氮气、氢气等。所以锂的用途十分广泛。如经过锂脱气的铸铜或铜线，导电性能大大加强；向铬镍不锈钢中加入极少量的锂钙合金，就可以增加它的硬度、强度和加工性能；经过锂处理的金属或合金，不但能耐高温，而且不怕酸碱溶液的腐蚀，所以常被用来加工制造具有特殊要求的精密元件。

锂不但可用在冶金工业中，还可以用在其他领域。如在玻璃中加进锂和锂的化合物，可以增强玻璃的强度和韧性。含锂的特种玻璃表面光滑，坚固耐用，不怕腐蚀，受热，所以常常用到化工、电子和光学仪器上，例如电视机的荧光屏就是一种锂制玻璃。

锂在日常的机械工业部门也有广泛的用途。在各种机器中都要用润滑油来降低摩擦，但一般的润滑油受热会蒸发分解，冷了又会冻在一起，十分的麻烦，该怎么办呢？人们用锂的化合物制造了一些特种的润滑材料，它们在摄氏零下50度的低温里不会冻结，在摄氏200度的高温下不会变成气体，而且不管是任何的地方都很适用。

你相信糖块能燃烧吗？当你划亮一根火柴，把糖块放在火焰上，可以看到糖开始熔化，却并不燃烧。但是你若再划着一根火柴，把糖块放在火焰上，然后再往糖块上撒一些香烟灰，这时糖块就会像纸一样燃烧起来！为什么往糖块上撒一些烟灰就可以燃烧呢？原来在烟草中，含有许多锂的化合物，当烟草烧成灰烬后，锂就剩在灰烬中。锂不但化学性质很活泼，还能当催化剂，用来加快一些化学反应，糖块能燃烧就是一个例子。

自古以来狼吃羊似乎是天经地义的事情，为牧民带来了很大的灾难。如果有一天狼能不吃羊，对牧人来说将是一件天大的喜事。那么，狼能不吃羊吗？

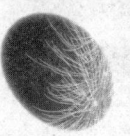

　　科学家们发现，不管是人还是动物，只要吃了氯化锂药丸，都可以造成短时期内的消化不良。利用氯化锂的这一特性，科学家便经常把这种药丸塞进羊肉里喂狼。经过几次实验后，狼就倒了胃口，不再吃羊了。一旦狼改了食性，可以遗传给后代。如果这样下去，狼很可能就不再吃羊了。

　　氢弹里装的是什么呢？有人也许会说装的是氢。在以前，早期的氢弹都是用氘和氚的混合物作"炸药"，它们虽不是普通的氢，但仍属于氢一类。而现在氢弹里的"爆炸物"多数是氘化锂和氚化锂。为什么氢弹里不用氘和氚呢？原来氘和氚很难生产出来，一个工厂一年也生产不了多少，而氘化锂生产起来却比较容易，而且氘化锂爆炸时放出的能量特别巨大。如果用几十千克氘化锂放出的能量挖沟，足可以挖通一条巴拿马运河。把氘化锂用在人造太阳上，每年消耗 322 千克氘和 676 千克锂，可以发电 70 亿度，能把整个黑夜照得如同白昼。

　　由于锂的原子量十分小，因此，单位重量的锂携带的电荷很多，可以说得上是电极材料之王。用锂做成的电池，体积小、重量轻、输出功率大，工作温度范围宽，可以在摄氏零下 55 度的低温至摄氏 75 度的高温环境下使用，储存期长达 10 年，寿命是一般电池的 10 倍。据悉，日本已研制成功可以充放电 1 000 次的锂碳电池，它的直径只有 2 厘米，厚度就更小了，只有 2 毫米，看上去小巧玲珑。如果用锂电池来开动电动汽车，既轻便又干净，而且充电时间只需十几分钟，行程却达几十万千米以上。随着能源日益紧缺以及汽车废气排放规定的严格执行，锂动力电池车辆将会迅速增加。

　　近年，日本研制出一种比纸还要薄的锂电池，长和宽各是 4 毫米，厚度只有 0.034 毫米，电池的负极就是金属锂。这种电池可使用在计算器、电子表上，一次充电可工作两三百个小时，而且可以反复充电达 2 000 次，性能依然保持不变。

　　现在，通信、潜艇、人造卫星、宇宙飞船等也都开始用锂电池作为电源，使产品和设备向微型化方向发展，展现了诱人的前景。

　　锂不仅是一种高性能金属，而且还具备其他众多的特质。现在，每天都有很多人看电视，但是电视会产生一些对人体健康有害的 X 射线。这怎么办呢？锂可以帮助人们，它具有吸收 X 射线的能力，只要在显像管中加入适量的锂，大量的 X 射线就会被吸收，人们在看电视时就可以高枕无忧了。

用锂的化合物氧化锂单晶体制成的天文透镜，既能透过可见光，又能透过紫外线去探索宇宙的奥秘。将锂辉石加入制灯泡的原料中，制出的灯泡会更加明亮、耐用。用氢氧化锂配的锂基润滑脂，既不怕热，也不怕冷，可以在较大的温度范围内工作，因而是一种良好的润滑剂。

锂在医学领域也有用武之地。锂可以制成药品，医治多种疾病。我们都知道精神病是一种严重的社会疾病，据统计，目前全世界患精神病的人数达几百万。患精神病的人生活不能自理，是家庭的沉重负担。因此，人们在很早以前，就在寻找一种能治疗精神病的"灵丹妙药"。在 20 世纪 40 年代，这种药终于被发现了。那么，人们是怎么发现它的呢？

在美国有一位著名的精神病医生，他小时候看到精神病人在发作时十分痛苦，就暗自下定决心，长大后一定要找到一种能治疗精神病的药物，来缓解病人的痛苦，他当了医生后，就专门研究精神病。为了弄清楚精神病的病因，他把病人的尿液注射到小白鼠的身体中，小白鼠也得了精神病。由于尿液中的主要成分是尿酸，于是他推想也许尿酸是导致精神病的"罪魁祸首"。为了证实这一点，他就用尿酸来代替病人的尿液进行实验。但是尿酸几乎不溶于水，很难把它移入小白鼠体内，因此他改用易溶于水的尿酸锂。可当他把尿酸锂注入小白鼠体内时，却奇怪地发现，小白鼠的精神病非但没有加重，反而大大减轻了。这大大鼓舞了这位医生，他继续用锂盐进行实验，最终发现，碳酸锂对精神病的疗效最好。

为什么锂盐能治疗精神病呢？这是因为锂离子能消除患者身体中的尿酸毒性，使病人狂躁的心情平静下来。自从锂盐被发现可以治疗精神病以后，每年都有很多精神患者告别了痛苦的过去，这真不愧是医学上的伟大发现啊。

人体不可缺少的元素——锌

在非洲的一些国家，有的年轻人长到 20 岁，仍像个 10 岁左右的孩子，他们的发育停滞，皮肤粗糙，肝脏肿大，性机能低下。医生称这种病为"小

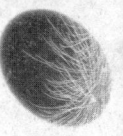

人症"。这种病是怎样造成的呢？医学家经过长期的分析研究，终于发现导致"小人病"的原因是这些人体内严重缺锌。但是只要服用适量的含锌食品，可以迅速恢复正常发育。这个地方的人为何会严重缺锌呢？原来，这里的人们吃的小麦、稻米等谷类中，含有一种酸，这种酸在人体内易和锌形成难溶性络合物，从而降低了人对锌的吸收。所以，在以谷类为主食的国家中，有不少人会严重缺锌。实际上，不论是发展中国家，还是工业化国家，都有很多人不同程度地缺锌或缺其他微量化学元素。

美国著名科学家施罗德说过，只要人体内微量元素含量平衡，除了意外伤亡事故，人人都有可能活到 90～110 岁。锌在微量元素中，占有重要地位。预防人体内微量元素的缺少并不神秘，只要讲究科学，人人可以做到。首先要注意饮食平衡，合理搭配食物。只要人们真正重视体内微量元素的重大作用，讲究科学，人类就会朝着自己的自然寿命 110 岁的目标前进。

锌的另一种奇特功能就是它能使伤口很快愈合。例如，人体在经过一次大手术之后，要及时补充皮肤和骨骼里的锌。长期卧床不起的病人，容易长出褥疮，这种病很不好治。如果在长褥疮的地方敷一些锌盐，就可以让褥疮早日痊愈。在家庭常备的药品中，就有氧化锌橡皮膏，有时，脚后跟或手指上裂了口子，不好愈合，只要贴上一块氧化锌橡皮膏，不几天就可以愈合。

锌是一种蓝白色金属，密度为 7.14 克/立方厘米，熔点为摄氏 419.5 度。在室温下，比较脆；在摄氏 100～150 度时，变软；超过摄氏 200 度后，又变脆。锌的化学性质活泼，在常温下的空气中，表面生成一层薄而致密的碱式碳酸锌膜，可阻止其进一步氧化。当温度达到摄氏 225 度后，锌氧化反应激烈，燃烧时，发出蓝绿色火焰。锌易溶于酸，也易从溶液中置换金、银、铜等。

锌和铜的合金黄铜早已被古人利用，但是锌的发现却比铜、锡、铁等晚许多。据考证，中国古代劳动人民首先生产出锌，中国制取锌的方法讲述最清楚的出现在明朝末年宋应星著述的《天工开物》中。西方最早讲到锌的是德国贵族政治学家龙涅斯在 1617 年发表的著作。当时人们称它为 Zinck 或 Conterfeht，说这种白色金属像是锡，但比较硬，缺乏延展性，没有太大用途。锌的拉丁名称 Zincum 和元素符号 Zn 由此而来。1737 年和 1746 年德国矿物学家亨克尔和化学家马格拉夫先后将菱锌矿与木炭共置陶制密闭容器中烧，得到金属锌。拉瓦锡在 1789 年发表的元素表中，首先将锌列为元素。

由于锌在常温下表面易生成一层保护膜，所以锌最大的用途是用于镀锌工业。锌能和许多有色金属形成合金，其中锌与铝、铜等组成的合金，广泛用于压铸件。锌与铜、锡、铅组成的黄铜，用于机械制造业。锌肥（硫酸锌、氯化锌）有促进植物细胞呼吸、碳水化合物的代谢等作用。锌粉、锌钡白、锌铬黄可作颜料。氧化锌还可用于医药、橡胶、油漆等工业。自然界中，锌多以硫化物状态存在。主要含锌矿物是闪锌矿，也有少量氧化矿，如菱锌矿和异锌矿。

锌与大脑发育和智力有关。美国一个大学发现，聪明、学习好的青少年，体内含锌量均比愚钝者高。锌还有促进淋巴细胞增殖和活动能力的作用，对维持上皮和黏膜组织正常、防御细菌、病毒侵入、促进伤口愈合、减少痤疮等皮肤病变，以及校正味觉失灵等均有妙用。

"照妖"元素硼

你知道世界上最坚硬的物质是什么吗？对，是金刚石。但是你知道世界还有一种硬度与金刚石相近的物质吗？它就是硼。

硼在通常状况下为黑色或银灰色固体。晶体硼为黑色，熔点约摄氏 2 300 度，沸点为摄氏 2 550 度，密度 2.34 克/厘米^3。硼在室温下比较稳定，即使在盐酸或氢氟酸中长期煮沸也不起反应。硼能和卤族元素直接化合，生成卤化硼。硼在摄氏 600 ~ 1 000 度时可与硫、锡、磷、砷反应，在摄氏 1 000 ~ 1 400 度与氮、碳、硅作用，高温下硼还与许多金属和金属氧化物反应，形成硼化物。这些化合物通常是高硬度、耐熔、高电导率和化学惰性的物质，常具有特殊的性质。

1702 年法国医生霍姆贝格首先从硼砂制得硼酸，称为 Salsedativum，即镇静盐。1741 年法国化学家帕特指出，硼砂与硫酸作用除生成硼酸外，还得到硫酸钠。1808 年英国化学家戴维和法国化学家盖吕萨克、泰纳各自制得单质

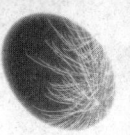

硼。硼的拉丁名称为 Boracium，元素符号为 B。这一词来自 Borax（硼砂）。

纯净的硼与铝一起加热熔化，冷却后就能得到大块的晶体硼，它非常坚硬，跟金刚石不相上下，而且非常耐热。所以，在工业上人们常常用它来代替价格昂贵的金刚石，制造切削工具和钻头。

硼在工业上有很大的用途。往钢、铝、铜、镍等金属中加入1/1 000 000 的硼，可以改善这些金属的机械性能。例如，在熔炼铸铁时，添加 1/10 000 的硼，能够缩短热处理过程的时间，还可以使石墨细化，使石墨在铸铁中均匀分布。用硼处理过的钢具有很高的硬度，而且也能抵抗酸液的腐蚀。

硼也是植物体中的重要元素。植物中的硼并不多，仅占植物干重的 1/100 000，然而，它却是不可或缺的。如果土壤中缺少了硼，亚麻、大麻、苜蓿等植物，就会停止生长，甚至死亡；向日葵要是缺了硼，会瘪粒，含油量下降；甜菜要是缺少硼，会得干腐病——地下茎腐烂掉；缺少硼，豆科植物的根瘤发育也会受到影响。科学家研究发现，硼是植物生长不可缺少的一种微量元素，它对植物体内的新陈代谢起着重要的调节作用。为了满足庄稼对硼的需要，人们就往田地里施加硼肥。但硼肥的施用量必须合适，并不是越多越好；如果太多了，庄稼反而会烧死，甚至连吃了这种庄稼叶子的羊，也会得肠炎，人们把它叫做"硼肠炎"。

在古代神话传说中有一种宝物叫做照妖镜，据说只要拿镜子一照，妖魔鬼怪就会现出原形，这对降魔伏妖很有用。用硼砂也能做成这样一面"镜子"，只是它的使用方法跟"照妖镜"不同。

用铂丝做成一个小圆圈，蘸一点硼砂，放在煤气或酒精灯上加热。硼砂一开始冒出一些小气泡——硼砂里含有的结晶水受热蒸发了，然后就变成无色的液体。冷却后，就成了无色透明的固体，就像一颗玻璃珠似的，牢牢地粘在铂丝做成的小圆圈上。这样，"照妖镜"就做成了。只要你拿着这铂丝蘸一点金属的氧化物放在火上加热，冷下来后，这小圆珠就会显出各种颜色。例如，蘸金属钴的氧化物，显出来的是蓝色；蘸金属铬的氧化物，显出的是绿色；蘸金属铁的氧化物，显出的是黄色……在分析化学上，这叫做硼酸珠反应。

利用硼酸珠显出的不同颜色，可以推断出蘸在铂丝上的是哪一种金属的

氧化物。现在，这种简单又实用的"照妖镜"已经广泛应用于采矿业。

由于硼在高温时性质特别活泼，因此被用来作冶金除气剂、锻铁的热处理、增加合金钢高温强固性，硼还用于原子反应堆和高温技术中，因为它吸收中子能力强，棒状和条状硼钢在原子反应堆中广泛用作控制棒。由于硼具有低密度、高强度和高熔点的性质，可用来制作导弹的火箭中所用的某些结构材料。硼的化合物在农业、医药、玻璃工业等方面用途也很广。

硼与身体健康

硼普遍存在于蔬果中，是维持骨的健康和钙、磷、镁正常代谢所需的微量元素之一。对停经后妇女防止钙质流失、预防骨质疏松症具有功效，硼的缺乏会加重维生素 D 的缺乏；另一方面，硼也有助于提高男性睾丸甾酮分泌量，强化肌肉，是运动员不可缺少的营养素。硼还有改善脑功能，提高反应能力的作用。虽然大多数人并不缺硼，但老年人有必要适当注意摄取。

硼的生理功能还未确定，目前有两种假说解释硼缺乏时出现的明显而不同的反应，以及已知硼的生化特性。一种假说是，硼是一种代谢调节因子，通过竞争性抑制一些关键酶的反应，来控制许多代谢途径。另一种是，硼具有维持细胞膜功能稳定的作用，因而，它可以通过调整调节性阴离子或阳离子的跨膜信号或运动，来影响膜对激素和其他调节物质的反应。

隐藏在矿泉水里的铷元素

19 世纪 50 年代初，住在汉堡城里的德国化学家本生，发明了一种燃烧煤气的灯，这种本生灯在我们现在的化学实验室中还经常见到。他试着把各种物质放到这种灯的高温火焰里，看看它们在火焰里究竟有什么变化。果然有变化！火焰本来几乎是无色的，可是当含钠的物质放进去时，火焰却变成了

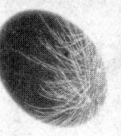

黄色；含钾的物质放进去时，火焰又变成了紫色……连续多次的实验使本生相信，他已经找到了一种新的化学分析的方法。这种方法不需要复杂的试验设备，不需要试管、量杯和试剂，而只要根据物质在高温无色火焰中发出的彩色信号，就能知道这种物质里含有什么样的化学成分。但是进一步试验却使本生感到烦恼了，因为有些物质的火焰几乎亮着同样颜色的光辉，单凭肉眼根本没法把它们分辨清楚。

这时和本生住在同一个城市研究物理学的基尔霍夫决心帮本生的忙。基尔霍夫把自己研制的一种仪器——分光镜交给了他。他们把各种物质放到火焰上去，让物质变成炽热的蒸气，由这蒸气发出来的光，通过分光镜之后，果然分解成为由一些分散的彩色线条组成的光谱——线光谱。蒸气成分里有什么元素，线光谱中就会出现这种元素所特有的跟别的元素不同的色线：钾蒸气的光谱里有 2 条红线，一条紫线；钠蒸气有两条挨得很近的黄线；锂的光谱是由一条亮的红线和一条较暗的橙线组成的；铜蒸气有好几条光谱线，其中最亮的是两条黄线和一条橙线。

这样就给人们找到了一种可靠的探索和分析物质成分的方法——光谱分析法。光谱分析法的灵敏度很高，能够"察觉"出几百万分之一克甚至几十亿分之一克的任何一种元素。分光镜扩大了人们的视野，本生拿着分光镜研究过很多物质。在 1861 年，他在一种矿泉水里和锂云母矿石中，发现了一种产生红色光谱线的未知元素。这个新发现的元素就用它的光谱线的颜色铷来命名（在拉丁语里，铷的含意是深红色）。铷的发现是用光谱分析法研究分析物质元素成分取得的第一个胜利。

铷，原子序数 37，原子量 85.4678，稀有碱金属元素。铷是一种分散性元素，难以独立形成矿物，常与钾共生，主要矿物有锂云母和光卤石。铷有 2 种天然同位素：铷 85 和铷 87，其中铷 87 有放射性。铷是低熔点活泼轻金属，熔点摄氏 38.89 度、沸点摄氏 686 度，密度 1.532 克/厘米^3。铷的化学性质与钾相似，但比钾活泼；挥发性铷盐的火焰成紫红色，可用来定性检验铷；金属铷可用钙、镁等还原氯化铷来制备。金属铷在光的作用下易放出电子，可制光电管。

许多人都知道，电大多是用火力或水力生产出来的，但是这个过程十分繁琐，大量的能量被消耗，效率比较低下。那么有没有一种操作简便而效率却很高的发电方式呢？

当然是有的。人们发现，铷原子的最外层电子很不稳定，很容易被激发放射出来。利用铷原子的这个特点，科学家们设计出了磁流体发电和热电发电两种全新的发电方式。

磁流体发电是使加热到两三千摄氏度高温的具有导电能力的气体，以每秒 600 ~ 1 500 米的速度通过磁极，凭借电磁感应而发出电来。热电发电是从加热一头的电极发出电子，而由另一头的电极接受，在两个电极之间接上导线，就会有电流不断产生和通过。

这样的发电方式十分的简单高效，热能直接变成电能，省掉了水力和火力发电时的机械转动部分，从而大大提高了能量的利用率。要想获得磁流体发电所需要的高温高速的导电性气体或者为进一步提高热电发电的电子流速度，都少不了要用到最容易发射电子的金属铷。

铷的应用一定会给能量利用带来重大的革新。

荧光粉里的元素镉

镉是一种灰色的柔软金属，它很容易被氧气氧化，把它放在空气中，其表面马上就变成了另外一种物质。

镉红、镉黄是有名的绘画颜料，硝酸镉常被人们用来制造光学玻璃和荧光粉等。

我们常见的一些合金总是坚硬且耐高温的，但是用镉和其他几种稀有金属制造的合金，熔点只有摄氏 50 度，只要往它的身上倒一些开水，就能让它"皮开肉绽"。

镉最特别的地方是它对光线十分敏感，只要光线照射到它身上，即使是极其微弱的光线，也能使它产生电流，这就是著名的"光电效应"。因此，镉和镉的化合物很受科学家的青睐，人们把它制成光电管，就可以用在各种自动控制设备中。特别是对人造卫星、洲际导弹、宇宙火箭来说，自动控制系

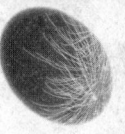

统更加重要，射程 8 000 千米，而误差只有 1/1 000，这就是洲际导弹在自动控制系统操纵下的杰作。

镉是 1817 年被人们发现的。说起来，还有一个小故事呢。

在 1817 年早些时候，德国有许多药房制造的感冒药，都被政府的药物检察官证明是假药。因为一般来说，感冒药都是用氧化锌制造的，而药物检察官在检查中却发现，这些药房在制药时用碳酸锌冒充了氧化锌。当他把碳酸锌加热之后，就变成了一种黄色物质；或者把碳酸锌溶解在酸中再通人硫化氢气体，也会产生一种黄色沉淀。这两种物质看起来很像硫化亚砷。

而砷的化合物都有剧毒，所以检察官认为药物中掺进了一些毒物，于是把这些药房生产的药物全部没收。后来，一些医学家和化学家对这种黄色的沉淀物进行了仔细的研究，结果发现它并不是硫化砷，而是一种人们还没有发现的新元素，他们把它命名为"镉"。

从此，元素周期表上又多了一个成员。

镉对人类的危害

镉及其化合物均有一定的毒性。吸入氧化镉的烟雾可产生急性中毒。中毒早期表现咽痛、咳嗽、胸闷、气短、头晕、恶心、全身酸痛、无力、发热等症状，严重者可出现中毒性肺水肿或化学性肺炎，有明显的呼吸困难、胸痛、咯大量泡沫血色痰，可因急性呼吸衰竭而死亡。用镀镉的器皿调制或存放酸性食物或饮料，饮食中可以含镉，误食后也可引起急性镉中毒。

长期吸入镉可产生慢性中毒，引起肾脏损害。

镉作业工人的肺气肿、贫血及骨骼改变也有报导，但这些改变与镉接触的确切关系尚不能肯定。国外也有报导接触氧化镉的工人前列腺癌发病率较高。

与地球同名的元素——碲

碲是一种化学元素，它的化学符号是 Te，原子序数是 52，是银白色的类金属。

首先发现碲元素的是奥地利人缪勒。1782 年奥地利首都维也纳一家矿场的监督牟勒从一个矿坑里发现了一种很好看的矿石。它的表面是银白色的，但又略带一些黄色，还会发出浅蓝色的光泽。当地人把它叫做"可疑金"或"奇异金"。缪勒把这块矿石带回了实验室，并从中提取了一小粒银灰色的金属，最初缪勒认为它是锑，后来发现它的性质与锑不同，因而确定这是一种新金属元素。为了获得其他人的证实，缪勒曾将少许样品寄交瑞典化学家柏格曼，请他鉴定。由于样品数量太少，柏格曼也只能证明它不是锑而已。就此，缪勒的发现被忽略了 16 年后，1798 年 1 月 25 日克拉普罗特在柏林科学院宣读一篇关于特兰西瓦尼亚的金矿论文时，才重新把这个被人遗忘的元素提出来。他将这种矿石溶解在王水中，用过量碱使溶液部分沉淀，除去金和铁等，在沉淀中发现这一新元素，命名为 Tellurium（碲），元素符号定为 Te。这一词来自拉丁文 Tellus（地球）。克拉普罗特一再申明，这一新元素是 1782 年缪勒发现的。

碲是一种非金属元素，有结晶形和无定形两种同素异形体。结晶碲具有银白色的金属外观，密度 6.25 克/厘米^3，熔点摄氏 452 度，沸点 1 390 度。不溶于同它不发生反应的所有溶剂。无定形碲为褐色，密度 6.00 克/厘米^3，熔点摄氏 449.5 ± 0.3 度，沸点摄氏 989.8 ± 3.8 度。碲在空气中燃烧带有蓝色火焰，生成二氧化碲；可与卤素反应，但不与硫、硒反应。溶于硫酸、硝酸、氢氧化钾和氰化钾溶液。

碲具有良好的传热和导电性、在所有的非金属元素中，它的金属性是最强的。碲也是一种稀有的元素，在地壳中的含量跟金差不多，它的化学性质很像硫和硒，有一定的毒性。在空气中把它加热熔化，会生成氧化碲的白烟。它会使人感到恶心、头痛、口渴，皮肤瘙痒和心悸。人体吸入碲后，在呼气

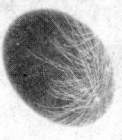

时、汗尿中会产生一种令人不愉快的大蒜臭气。这种臭气很容易被别人感觉到，但本人往往并不知道。

碲有很多用途。它是一些金属合金的"强壮剂"，只要在这些合金中加入少量的碲，就能大大提高它们的机械强度和加工性能，碲还被广泛用于陶瓷和玻璃生产中，因为它能使陶瓷和玻璃披上各种鲜艳的"外衣"。碲也是一种很有前途的半导体材料，用硫和铅按一定比例熔合而成的碲化铅，有优良的半导体性能，可以用作制造红外线探索器的材料。这种探索器可以根据温度的不同来区别各种物体。而碲在空气中燃烧生成的二氧化碲，是一种白色的结晶粉末，可以用来防腐，还能测定各种疫苗中的细菌。

碲在冶金工业中的用量约占碲的总消费量的80%以上。加入少量碲，可以改善低碳钢、不锈钢和铜的切削加工性能。在白口铸铁中，碲用作碳化物稳定剂，使表面坚固耐磨。在铅中添加碲，可提高材料的抗蚀性能，可用作海底电缆的护套；也能增加铅的硬度，用来制作电池极板和印刷铅字。碲可用作石油裂解催化剂的添加剂以及制取乙二醇的催化剂。氧化碲用作玻璃的着色剂。高纯碲可用作温差电材料的合金成分，其中碲化铋是良好的制冷材料。碲的一种化合物半导体是制作电子计算机存储器的材料。超纯碲单晶是一种新型的红外材料，高纯碲用量虽少，作用颇大。

预知天气的钴

你看到过这么巧妙的晴雨花吗？晴天的时候，它是蓝色的；即将下雨时，它又变成了紫色；雨落下后，又变成了玫瑰色。

这就是晴雨花，但并不是真正的花，而是用滤纸做成的；人们把滤纸浸在二氯化钴的溶液中，然后晾干，做成花的形状，就成了晴雨花。为什么用二氯化钴浸过的滤纸会随着天气的变化而变色呢？

原来，二氧化钴在无水状态时，它显示出来的是蓝色，而一旦吸水就会形成含水的晶体，变成玫瑰般的红色。于是人们利用它的这个特性，制造出了晴雨花。在晴天时，空气中的水分少，二氯化钴保持无水状态，所以显蓝色；即将下雨的时候，空气中的水分增多，部分二氯化钴变成了含水化合物，红色与蓝色相混，显出来的是紫色；到了下雨时，空气中水分很多，绝大部分二氯化钴都成了含水化合物，于是，便显出了玫瑰红色。人们根据这种"花"的颜色变化来预知晴雨，因此把它叫做"晴雨花"。

二氧化钴是钴的重要化合物，它的颜色变化多端，但是金属钴却是白色的。

钴的拉丁文原意就是"地下恶魔"。几百年前，德国萨克森州有一个规模很大的银铜多金属矿床开采中心，矿工们发现一种外表似银的矿石，并试验炼出有价金属，结果十分糟糕，不但未能提炼出值钱的金属，而且使工人二氧化硫等毒气中毒。人们把这件事说成是"地下恶魔"作祟，并在教堂里诵读祈祷文，为工人解脱"地下恶魔"迫害。这个"地下恶魔"其实是辉钴矿。1753年，瑞典化学家格·波朗特从辉钴矿中分离出浅玫色的灰色金属，制出金属钴。1780年瑞典化学家伯格曼确定钴为元素。

钴是具有光泽的钢灰色金属，熔点摄氏1 493度、比重8.9，比较硬而脆，钴是铁磁性的，加热到摄氏1 150度时磁性消失。钴在常温下不和水作用，在潮湿的空气中也很稳定。在空气中加热至摄氏300度以上时氧化生成 C_0O，在白热时燃烧成 CO_3O_4。氢还原法制成的细金属钴粉在空气中能自燃生成氧化钴。

钴十分坚硬，即使在钴合金中也十分的坚硬，因此，在工业上，人们常常把它和其他的金属熔炼成合金。钴合金的硬度比钴还有高。如人们把含有4/5的钨、1/5的钴和碳的合金，称为"超硬合金"，即使把它加热到摄氏1 000度以上，它的硬度依然如故，所以人们常用它来制作车床上的切削刀具。

钴合金还有磁性。非常有名的永久磁铁，就是由钴、铬、钨、碳组成的钴钢。在一些特制的磁性合金中，钴的含量甚至占到了1/2。另外，在一些耐酸、耐热的合金中，也常常要加入钴。

在南美的一个国家里，有一件怪事。一个牧民将羊群赶到新的牧场，可是几天后，他发现自己羊每天都要脱掉很多毛，这是为什么呢？

这个牧民为了找到原因，他每天都来观察羊群的活动。他发现，随着时间的推移，越来越多的羊患上了脱毛症。有些羊的毛稀得都露出了肚皮。然

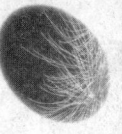

而，奇怪的是，这群羊中有一只羊的毛却好好的，一点也没有脱落，这是为什么呢？随后，他将目标紧紧锁在了这只羊身上，他发现这只羊在吃饱后，总是舔一种石头，莫非这石头有什么神奇之处。牧民拣了一块石头，把它砸成粉末，然后混在牧草中让其他的羊吃下去，这样过了几天，这些羊的脱毛症全好了。

原来，新牧场的牧草中缺少钴，而钴是动物体所必需的微量元素之一，它是维生素 B_{12} 的主要成分，维生素 B_{12} 影响动物体中核酸和蛋白质的合成。羊毛是一种特殊的蛋白质，它受到维生素 B_{12} 的影响更大。所以当羊群吃了缺少钴的牧草后，就使羊体内的维生素 B_{12} 的合成不足，进而影响到蛋白质的供应，于是羊群就患上了脱毛症。

没有脱毛的羊喜欢舔的石块是一种钴矿石，它在舔的同时也吸收了微量的钴。因此，当这位牧民将这种矿石粉末混在牧草让其他羊吃下去时，羊由于吸收了足够的钴，于是维生素 B_{12} 的合成恢复正常，自然，它们也就不脱毛了。

钴还有许多同位素，其中比较"厉害"的就是钴60，钴60具有很强的放射性，比镭的放射性都要强。17 克钴 60 的放射能力就相当于 1 千克镭的放射能力。而钴 60 还是恶性肿瘤的克星，许多人都知道，恶性肿瘤就是癌症，人们对它毫无办法。但钴 60 却是对付它的能手，它放出的射线能够破坏癌细胞的快速繁殖，进而抑制它们的活动能力。而且，它不会对正常细胞产生破坏力，真的很神奇啊。

钴在地壳中的平均含量为 0.001%（质量），海洋中钴总量约 23 亿吨，自然界已知含钴矿物近 100 种，但没有单独的钴矿物，大多伴生于镍、铜、铁、铅、锌、银、锰、等硫化物矿床中，且其中含钴量较低。金属钴主要用于制取合金。

用来驱除邪恶的硫

火药是我国著名的四大发明之一，它体现了我国劳动人民的非凡智慧。

那时的火药是把硫黄、硝石和木炭按照一定的比例混合而成的。从这里可以看出，我国古代很早就发现了硫。硫具有鲜亮的橙黄色，它在燃烧时会发出一种难闻的臭味，有意思的是，古代的西方人对这种臭味十分迷信，大多数人都认为这种臭味能驱除一切妖魔鬼怪和所有邪恶的势力，因此他们在清扫房屋的时候经常要燃烧硫。

硫的元素符号是 S，硫在自然界中有单质状态，当火山爆发时会将地下大量的硫带到地面。硫还和多种金属形成硫化物和各种硫酸盐，广泛存在于自然界中。

1894 年出生在德国的美国工业化学家弗拉施创造用过热水的方法，将硫从地下深处直接提取出来。1789 年法国化学家拉瓦锡发表近代第一张元素表，把硫列入表中，确定硫的不可分割性。18 世纪后半叶，德国化学家米切里希和法国化学家波美等人发现硫具有不同的晶形，提出硫的同素异形体。

硫通常为淡黄色晶体，硫单质导热性和导电性都差。硫性松脆，不溶于水，易溶于二硫化碳。无定形硫主要有弹性硫，是由熔态硫迅速倾倒在冰水中所得。

硫虽然具有臭味，但是能杀菌。还在古代时，医生就用硫黄膏给得了疥疮的人治病。每次火山爆发都会把地下大量的硫带到地面。所以在火山旁的温泉里，常含有一些硫，患有皮肤病的人去温泉洗澡，过一段时间，病就自己好了。

在农业上，人们利用硫黄来对付害虫。但是硫黄只能杀死它周围一毫米以内的害虫，因此，在使用时，人们得把它研得非常细，然后均匀地喷撒到庄稼的叶子上。后来，人们又将硫黄和石灰混合，制成了石灰硫黄合剂，它是一种樱红色溶液，对害虫更具杀伤力。现在，人们又研制出许多种高效农药，它们中都含有硫。

硫还可以提高橡胶的弹性。天然橡胶虽有弹性，却很容易拉断，尤其对温度变化很敏感，气温一高它就又软又粘，实际用处不大。在 1800 年橡胶第一次到达美国时，人们只是利用它不怕水的特性，把它涂在外面当雨鞋使用。为了克服天然橡胶的缺点，让它更好地为人类服务。在橡胶工厂里，人们在天然橡胶中加入了硫黄。硫原子能把橡胶分子互相连接起来，使橡胶分子的

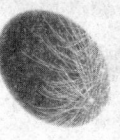

线型结构变为网状的体型结构，因而大大提高了橡胶的强度，这样生产出来的橡胶就是大名鼎鼎的硫化橡胶。硫化橡胶受热不粘，遇冷不脆，性能十分优越，所以被广泛用来制造各种橡胶制品。

硫的用途十分广泛，在古代就被运用到中医学中。我国著名医生李时珍编著的《本草纲目》中，讲到硫在医药中的运用：治腰肾久冷，除冷风顽痹寒热，外用治疥癣。

硫被用来制造火药；还被用来杀菌，用做化肥；硫化物在造纸业中用来漂白；硫酸盐在烟火中也有用途。硫矿物主要的用途是制硫酸，我国有70%的以上的硫用于硫酸生产。硫黄除了是生产硫酸的原料之外，还广泛用来生产化工产品，如硫化铜、亚硫酸钠等。

硫的氧化物二氧化硫也有十分广泛的用途。它具有漂白的特性，人们将它制造成漂白剂。三氧化硫常作为一种强氧化剂、脱水剂和磺化剂，其主要用途是作为磺化剂，如用于生产合成洗涤剂、染料及其中间体等，也用于生产氯磺酸、氨基磺酸以及65%发烟硫酸。液态三氧化硫属于最危险的化工产品之列，其贮运应严格按照危险品管理条例办理。由于液态三氧化硫与水接触即发生爆炸反应，故其容器严禁用水洗涤。为防止贮存时液态三氧化硫结晶，贮槽与管道的温度应保持在30℃以上。

无机世界的主角——硅

当我们漫步在海滩时看到黄色的沙子，也许会想到"沙里淘金"的情景，却没有多少人知道沙子里面还含有一种比金子有用得多的元素——硅。

硅是一种化学元素，它的化学符号是 Si。原子序数14，相对原子质量28.09，有无定形和晶休两种同素异形体，同素异形体有无定形硅和结晶硅。属于元素周期表上Ⅳ$_A$族的类金属元素。晶体硅为钢灰色，无定形硅为黑色晶体硅属于原子晶体，硬而有光泽，有半导体性质。硅的化学性质比较活泼，在高温下能与氧气等多种元素化合，不溶于水、硝酸和盐酸，溶于氢氟酸和碱液。

如果说碳是有机世界的"主角",那么,无机世界的"主角"该算是硅了。

硅在地壳中的含量位居第二位,仅次于氧。硅在自然界分布极广,地壳中约含27.6%,主要以二氧化硅和硅酸盐的形式存在。据统计,二氧化硅占地壳总重量的87%!也就是说,硅和氧这两种最多的元素形成的化合物,几乎"垄断"了地壳。大部分岩石和砂子中都含有二氧化硅。

硅的化合物的种类虽然繁多,但是硅的发现过程却是很费周折。

早在19世纪初,法国化学家就发现了不纯的无定形硅,不过,当时人们对它很不了解。1787年,拉瓦锡首次发现硅存在于岩石中。然而在1800年,戴维将其错认为一种化合物。1811年,盖-吕萨克和泰纳尔可能已经通过将单质钾和四氟化硅混合加热的方法制备了不纯的无定形硅。1823年,硅首次作为一种元素被贝采利乌斯发现,并于一年后提炼出了无定形硅,其方法与盖-吕萨克使用的方法大致相同。他随后还用反复清洗的方法将单质硅提纯。

硅在一般情况下化学性质比较稳定,但是在熔融状态就变得特别活泼,能和许多物质发生化学反应,所以在自然界中人们从来没有发现过单独存在的硅。

许多人都见过竹子,竹子也是中国人十分喜爱的一种植物。竹子全身细长,长得又十分的高,有些人也许担心,要是一股大风刮过,会不会把它吹倒呢?当然不会,无论是多大的风,都吹不倒竹子,至多也只能让它东摇西摆。这真是"疾风知劲草"的真实写照啊!

那么,竹子为什么不怕风呢?原来,在竹子的茎干中含有丰富的硅的化合物,它们能帮助竹子增加自己的强度和韧性,所以竹子的茎干十分坚韧挺拔,风拿它没有任何办法。这就使得竹子在风中屹立不倒。

水稻和小麦与竹子同属禾木科,但是水稻和小麦只要遇到风就会伏倒,使得庄稼大量减产,这可叫农民伤透了心。怎么才能让它们也不怕风吹呢?现在,人们在田地里撒上一些可溶性的硅酸菌盐肥料或硅酸肥料,就能治愈它们怕风的病根。原来,在小麦和水稻中,硅的含量是很少的,所以它们的茎干十分柔软,很容易倒伏,而这两种肥料中都含有大量的硅,植物吸收之后,就会增强体质,再也不用怕风了。

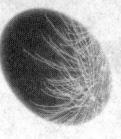

人们发明晶体管以后的一段时间里，用来制作晶体管的主要材料是锗，因为锗比硅更容易提纯。但硅的半导体性能比锗优越得多。硅晶体管能在摄氏 200 度下工作，而锗晶体管只能在摄氏 80 度以下工作，纯硅在室温下的本征电阻率为 23 万欧姆·厘米，而锗的本征电阻率只有 46 欧姆·厘米，随着制备高纯度单晶硅工艺的提高，硅的作用已远远地超过了锗，成为半导体材料的后起之秀。

半导体硅是实现工业生产自动化的重要材料，比如，工业自动化所用的硅可控整流器中就使用了很多晶体硅。20 世纪 80 年代以来，我国在工业上普遍采用了硅可控整流器，大大提高了生产效率。

在许多的反间谍电视剧情节中，故事中的主人公在敌人的严密监视下将情报发出去，技术十分高超。但是却没有跟自己的人接头，那么，情报又是怎么送出去的呢？原来，奥秘就在他们胸前的纽扣上。那其实不是一个真正的纽扣，而是一只微型的发报机，他们就是利用这只不引人注意的微型发报机把情报发出去。这种发报机就是用晶体硅制成的。这种发报机虽然很小，但是上面却有着大规模的集成电路，在它上面有上万个二极管、三极管和电阻等电子元件。

人们把单晶硅切成硅片，再涂上感光药膜，再把大规模的集成电路缩小印制在它上面，加上一些其他的元件，最后把它的外形加工得像一只纽扣，就制成了一个微型发报机。

硅这种奇特的性能在制造微型电子计算机时有很大作用。

1946 年当人们制造出第一台电子计算机时，由于用的是电子管，所有的设备大约要装满一幢大楼，后来人们改用锗制成的晶体管，计算机的体积大为缩小，可是也能装满一间大房子。而在 1978 年时，我国的科技人员把中小规模的集成电路缩小印制在硅片上，制成了一台只有半导体收音机大小的电子计算机。现在，人们又把大规模、超大规模的集成电路印制在硅片上，可以制造出像笔记本一样小的电脑，让人们携带方便。

作为一种性能优越的半导体材料，硅在其他方面也有重要的应用。

人们用硅制出价格便宜、制作过程简单的太阳能电池。他们把铝板作为衬底，在它上面覆盖 10～25 微米厚的多晶硅薄膜，就是一种便宜而轻巧的太阳能电池材料，这种太阳能电池不仅在地面上可以使用，放在太空中它照样能发出电来。

玻璃是大家常见的一种物质，它一般是透明的固体，如果加进一些稀土元素进去，它就会带上各种各样的颜色。但是你听说过水玻璃吗？水玻璃是硅酸钠的水溶液。从远处来看，硅酸钠的水溶液真是跟玻璃一般无二，简直像极了，所以人们常把它叫做"水玻璃"。

水玻璃不但外表很奇特，它的作用也很特别。用水玻璃制造的家具不易着火还能防止木材受到空气的腐蚀。现在，人们把一些有特别要求的纺织产品也浸泡在水玻璃中，这样，加工出来的产品就可以防火。

硅还是金属陶瓷、宇宙航行的重要材料。将陶瓷和金属混合烧结，制成金属陶瓷复合材料，它耐高温，富韧性，可以切割，既继承了金属和陶瓷的各自的优点，又弥补了两者的先天缺陷，可应用于军事武器的制造。世纪上第一架航天飞机"哥伦比亚号"能抵挡住高速穿行稠密大气时摩擦产生的高温，全靠它那约 31 000 块硅瓦拼砌成的外壳。

硅的许多化合物在今天都起着重要的作用，有机硅塑料是极好的防水涂布材料，在地下铁道四壁喷涂有机硅，可以一劳永逸地解决渗水问题。在古文物、雕塑的外表，涂一层薄薄的有机硅塑料，可以防止青苔滋生，抵挡风吹雨淋和风化，天安门广场上的人民英雄纪念碑，便是经过有机硅塑料处理表面的，因此永远洁白、清新。用二氧化硅制出高透明度的玻璃纤维，不但质量变轻，还不受电、磁干扰，不怕窃听，具有高度的保密性。

癌症的克星——镭

在黑夜里，我们一般看不见任何的东西，但是夜光表的指针却闪闪发光，告诉我们几点了，夜光表为什么会发光呢？原来，在指针和表盘的刻度上，涂有一种发光物质。这发光物质就是掺杂着镭化合物的荧光粉。

镭是银白色的金属，十分柔软，它在空气中极易挥发。镭具有很强的放射性。铀也是一种具有放射性的物质，但它比起镭来，放射性就差远了。1 克

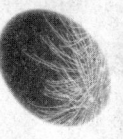

镭的放射功率就相当于几十吨的铀的放射功率总和。镭的射线能透过厚厚的纸包，使照相底片感光。因而，镭的拉丁文原意就是"射线"。

在镭射线的照射下，会发生一些奇妙的变化：无色的玻璃会变成有色；无色透明的金刚石表面会变成黑色的石墨；水会分解成氢气和氧气；氨能分解成氮与氢；氯化氢会分解成氯气和氢气；而氧气会变成臭氧……近年来，出现了一门崭新的科学——辐射化学，便专门研究这些奇妙的现象。

硫化锌、硫化钙等硫化物，在镭射线的照射下，能发出浅绿色的荧光。夜光表上的发光物质，就是利用镭射线的这一本领制成的：人们在含有极少量铜化合物的硫化锌（或硫化钙）粉末里，加入约1/100 000的镭的化合物。这些镭的化合物能不断地放出射线，在这些射线的激发下，硫化锌就能发出浅绿色柔和的冷光。如果把这些发光粉掺入塑料中，就可以制出发光塑料，用发光塑料制成门上的把手，在夜里很醒目。用发光塑料制成的电灯开关、电铃按钮、街巷路牌、航标、路标等，在夜里会给人们带来很多方便。不久前，人们又制出了发光玻璃、发光粉笔、发光墨水、发光混凝土和发光布等许多奇妙的东西。

癌症让人们闻之色变，由于以前医学水平有限，许多人一旦患上癌症，就等于被宣判了死刑。但是，横空出世的镭却给癌症患者们带来了福音。这是因为镭的射线很厉害，它能破坏动物体，杀死细胞和各种病菌。有一次，法国科学家贝克勒尔出去演讲时，顺手在口袋里装了一管镭的化合物。当讲演结束后，他感到身上很疼，原来这些镭的化合物放出的射线严重地灼伤了他的皮肤。现在，医学上就用镭射线来医治癌症。那么，既然镭的射线会灼伤人体，为什么还要用它来治病呢？虽然大量的镭射线对人体是有害的，但恶性肿瘤比正常的细胞更容易被放射线所破坏。因而，用镭射线来治疗癌症，有很好的效果。另外，一些如癣、狼疮之类的皮肤病，也可以用镭射线来治疗。

在自然界中，镭主要存在于许多种矿物以及土壤与矿泉水中，现在人们又发现，海底的淤泥中镭的含量比较丰富。但是，与其他元素相比，镭在自然界中含量还是很少，它仅占地壳中原子总数的一百亿亿分之八，而且制取起来十分困难。那么镭又是怎么被发现的呢？

镭是在 1898 年被著名的科学家居里夫妇从沥青铀矿中发现的。然而，在沥青铀矿中，镭的最高含量也不过只有 1/1 000 000！要用 800 吨水、400 吨矿物、1 000 吨化学药品才能提炼出 1 克镭的化合物！他们当时工作的艰苦程度可想而知。在镭发现后，1910 年，居里夫人还独自制得了世界上第一块纯净的金属镭。居里夫人曾用自己的身体做过试验，证明适当地利用镭的放射性，可以治疗当时被人们视为绝症的恶性肿瘤。

这是医学上的伟大发现，当时许多人想用高价向居里夫人取得提炼镭的方法。但是，居里夫人认为镭是自然界的物质，既然可以用来治病，就不应该从中牟利。结果，她放弃了提纯镭方法的专利，没有要一分钱，就把提炼镭的方法向世界公布了。我们要学习居里夫人甘愿奉献、不图回报的崇高品格。

彩色的制造者——钒

钒在地球上的含量比铜、锡、锌、镍的含量都要多，但是钒的分布很分散。人们几乎很少发现有含钒很多的矿床。在海胆等海洋生物的体内、磁铁矿、多种沥青矿物和煤灰中、落到地球的陨石中，人们都发现了钒的踪迹。可以说，钒在地球的每一个角落都存在，但是世界各地的钒含量相差不多。

钒是高熔点金属之一，呈浅灰色。钒的密度为 5.96 克/厘米^3。熔点摄氏 1 890±10 度，沸点摄氏 3 380 度。钒有延展性，比铁还要坚硬得多，无磁性。具有耐盐酸和硫酸的本领，在空气中不被氧化，可溶于氢氟酸、硝酸和王水。

关于钒的发现还有一段有趣的故事呢。

1830 年，著名的德国化学家伍勒在分析墨西哥出产的一种铅矿的时候，断定这种铅矿中有一种当时人们还未发现的新元素。但是，在一些原因的阻挡下，他没有继续研究下去。

此后不久，瑞典化学家塞夫斯朗姆就发现了这一新元素——钒。

伍勒就这么白白地失去了发现新元素的大好机会，感到很失望。于是他

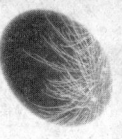

把事情的经过写信告诉了自己的老师，著名的瑞典化学家贝采里乌斯，贝采里乌斯给他回了一封非常巧妙的信。

信上说："在北方极远的地方，住着一位名叫'钒'的女神。一天她正坐在桌子旁边时，门外来了一个人，这个人敲了一下门。但女神没有马上去开门，想让那个人再敲一下。没想到那个敲门的人一看屋里没动静，转身就回去了。看来这个人对他是否被请进去，显得满不在乎。女神感到很奇怪，就走到窗口，看看到底谁是敲门人。她自言自语道：原来是伍勒这个家伙！他空跑一趟是应该的，如果他不那么不礼貌，他就会被请进来了。

过后不久，又有一个敲门的人来了。由于这个人很热心地、激烈地敲了很久，女神只好把门打开了。这个人就是塞夫斯朗姆，他终于把'钒'发现了。"

钒的盐类的颜色多种多样，有绿色、红色、黑色、黄色，绿色碧如翡翠，黑色犹如浓墨。如化合价是二的钒盐一般都是紫色的，三价钒盐是绿色的，四价钒盐是浅蓝色的，而五氧化二钒常是红色的。

钒的化合物还能制造出各种颜料。如果把钒盐加入玻璃中，就能生产出非常好看的彩色玻璃。把钒盐加入墨水中，就能制造出各种彩色墨水。钒的化合物不但有丰富的色彩，还有极强的毒性。如果人体内的钒盐过多，就会得病。但让人意外的是，如果在牛和猪的饲料中加入微量的钒盐，却能使它们的食量增加，脂肪层加厚。

人体的血液是红色的，不仅我们，绝大多数的高等动物的血液也都是红色的。但在自然界中，却有很多低等的动物血液是蓝色的，而在高等动物与低等动物之间还有一些动物的血液是绿色的。这是怎么回事呢？血液为什么会有不同的颜色呢？

原来，高等动物的血液中含有铁离子，铁离子呈现出的是红色，所以高等动物的血液就是红色的。低等动物的血液中含的是铜离子，铜离子的溶液是蓝色的，比如硫酸铜溶液是天蓝色的，因而低等动物的血液是蓝色的。居于它们之间的那些动物的血液中含有三价钒离子，细心的朋友会记得三价钒离子显绿色，所以这些动物的血液就是绿色的。

钒也是人体正常生长所必需的元素，钒有多种价态，有生物学意义的是四价和五价态。四价态钒为氧钒基阳离子，易与蛋白质结合结合形成复合物，而防止被氧化。五价态钒为氧钒基阳离子，易与其他生物物质结合形成复合物，在许多生化过程中，钒酸根能与磷酸根竞争，或取代磷酸根。钒酸盐以被维生素 C、谷胱甘肽或氢氧化钠还原。其在人体健康方面的作用，营养学界、医学界至今仍不是很清楚，仍处在进一步探索的过程中，但可以确定，钒有重要作用。一般认为，它可能有助于防止胆固醇蓄积、降低过高的血糖、防止龋齿、帮助制造红血球等。人体每天会经尿液流失部分钒。

 **知识点**

人体器官对钒的需要量

钒在人体内含量极低，体内总量不足 1mg。主要分布于内脏，尤其是肝、肾、甲状腺等部位，骨组织中含量也较高。

钒在胃肠吸收率仅 5%，其吸收部位主要在上消化道。此外环境中的钒可经皮肤和肺吸收入体中。血液中约 95% 的钒以离子状态与转铁蛋白结合而送输，因此钒与铁在体内可相互影响。

钒对骨和牙齿正常发育及钙化有关，能增强牙对龋牙的抵抗力。钒还可以促进糖代谢，增强脂蛋白脂酶活性，加快腺苷酸环化酶活化和氨基酸转化及促进红细胞生长等作用。因此钒缺乏时可出现牙齿、骨和软骨发育受阻。肝内磷脂含量少、营养不良性水肿及甲状腺代谢异常等。

半导体工业的"粮食"——锗

许多金属、水等都能导电，人们称之为导体；也有一些物体如玻璃、干木、陶瓷等不能导电，称之为绝缘体；半导体的导电能力位于导体和绝缘体之间。锗就是一种重要的半导体材料。

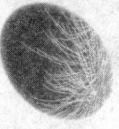

我们常用来测量温度的是水银温度计，用它可以来测气温，可以测人的体温，但是水银温度计的"反应"十分"迟钝"，它只能测量一些特别大的东西和与它挨得很近的东西的温度，比如不将它放在口里就不能测出你的体温了。那么，有没有一种反应十分灵敏的温度计吗？它的灵敏度要有多高呢？即使在很远的地方，它都可以感知你的体温。真的有这样的温度计吗？当然有，这样的温度计就是用锗做成的。在通常情况下，锗的电阻是很高的。可以拿水银来跟它作比较。假定水银的导电率是1，那么锗的导电率只有0.001，也就是说，锗的导电能力只有水银的千分之一。

因此，我们可以用锗作成薄片电阻，涂到玻璃、石英或者陶瓷上，在雷达等设备里应用。

更重要的是，作为半导体材料，在不同的外因条件和杂质等因素的影响下，锗的导电能力会发生很大的变化。利用它的这个特性，人们做成了许多重要而有用的半导体元件。

锗的导电能力会随着温度的变化而灵敏地改变：温度变化几百度，导电能力改变了几百万倍。导电能力的改变是可以通过仪器很准确地测量出来的，所以人们利用锗的这个特性，做成了对温度变化感觉十分灵敏的半导体温度计——热敏电阻。

锗不仅能在很远的地方察觉到人体的温度，还能测出摄氏万分之五度的温度变化。人们用它可以做成温度自动控制器、定时继电器等等，广泛地应用到生产实践中。用锗不但可以做成灵敏的半导体温度计，而且可以来发电。原来，温度对锗的另一个影响是产生"温差电效应"。半导体经过适当的组合，在它的一头加热，两头就有了温度差，这时就会产生电流。人们利用温差效应，用锗做成温差电池，直接把热能变成电能，而不需要许多笨重、复杂，经常受到磨损和需要维护修理的锅炉、汽轮机、发电机等设备。如把具有良好的温差电效应的锗硅合金用于温差发电机，结构简单，不用维修，使用寿命长达 5~10 年，而且还能成倍地提高发电效率。

锗还被用来制造光电池。太阳发出的光线照射到经过特殊加工的锗半导体上，就会不断地放出电来，光照越强，发出的电力越大，这样，也就可以将廉价且无穷的太阳能转化为电力。

　　收音机的主要元件是晶体管——二极管和三极管，很多晶体管是用锗做成的。据统计，目前全世界每年生产的锗晶体管超过 5 亿只。与电子管相比，晶体管既不需要真空抽气，又不需要灼热灯丝，它体积小、重量轻、寿命长、用电省，而且非常结实，在碰撞和震动的情况下也能长期使用。在收音机刚出现的时候，由于它能使人们收听到远在九百公里之外的播音员的声音，因此曾被人们称之为"千里耳"。

奇妙的物质
QIMIAO DE WUZHI

　　化学物质是化学运动的物质承担者，也是化学科学研究的物质客体。这种物质客体虽然从化学对象来看只是以物质分子为代表，然而从化学内容来看则具有多种多样形式，涉及许许多多物质。

　　在化学领域，研究化学物质的分类非常重要，然而其一些物质的奇特现象和反应变化更是令人啧啧称奇，你知道有一种金属像人一样怕冷怕热吗？你知道一种物质让鲨鱼退避三舍吗？你知道重水是什么东西吗？……从本章寻找答案吧！

自来水中的异味

　　当我们用自来水洗脸的时候，常会闻到一股刺鼻的气味，这就是氯气的气味。

　　氯气是黄绿色的气体，有毒，并伴有刺激性气味，密度比空气大，熔沸点较低，能溶于水，且易溶于有机溶剂。氯是人体必需的元素之一，在自然界常以氯化物形式存在，最普通形式是食盐。氯的化学元素符号是 Cl。

　　1774 年，瑞典化学家舍勒最先发现了氯。当时，他用盐酸和软锰矿进行实验，结果释放出一种刺激性、有窒息效果的气味。舍勒对这种气体的性质进行了研究，发现它能腐蚀各种金属，溶解性不强，能够对彩色的花叶及绿叶起到漂白的作用。但是他当时并不认为这种气体是一种新元素，而称之为"脱烯素的盐酸"。直到1810年，英国著名化学家戴维以充足的证据证明了这种气体是一种新元素。由于它呈绿颜色，故而命名之为氯，原意即为"绿色的"。我国翻译家最初根据原意把它译成"绿气"，后来才将二字合为一字"氯"。

氯是一种化学性质非常活泼的元素。它几乎能跟一切普通金属以及许多非金属直接化合。氯气是强氧化剂，除与氧气、氮气、碳和稀有气体外，氯气几乎可以和任何元素直接发生反应。

氯是一种呛人、令人窒息的有毒气体。在空气中，如果会有1/10 000的氯，就会危害人类身体健康。氯气中毒时，人会剧烈地咳嗽，严重时甚至致人死亡。

既然氯气是有毒的，为何自来水中还会有氯气的气味呢？

原来，氯气虽然是有毒的，而氯的化合物一般却是无毒的。当人们往水中通入少量的氯气时，它就会溶解在水中，然后与水发生化学反应，生成一种很不安分守己的次氯酸。次氯酸的性质十分不稳定，极易放出氧。原子状态的氧有很强的氧化作用，一般的物质碰上了它，就会形成化合物。细菌碰上了原子状态的氧，可就倒了霉，氧会死死抓住它，直到把它体内的组织系统彻底破坏为止，细菌也就非死不可了。因此，氯气能杀死自来水中的各种细菌，从水龙头流出的自来水的气味，就是自来水厂用氯气消毒遗留下来的气味。

氯在早期是造纸、纺织工业的漂白剂。在第一次世界大战期间，氯作为化学武器大量生产。战后氯产品在人们的生活中被广泛应用，如将苯氯化再水解制苯酚，广泛用来消毒和杀菌。第二次世界大战后，由于聚氯乙烯以及氯化烷烃等有机氯溶剂的生产，氯主要用作生产有机化合物的原料，而作为无机氯化物如盐酸、漂白粉等原料的比例逐渐减少。20世纪80年代，有机化合物的用氯量已占耗氯总量的60%～70%。

火的克星——二氧化碳

着火时，我们经常用二氧化碳来灭火，这是为什么呢？首先是因为它是一种不支持燃烧的气体。如果你把一根正在燃烧的木条伸进充满二氧化碳的大口瓶中，木条立刻熄灭。二氧化碳还具有比空气重、不导电、易于制取、使用安全等特点，很适合用来灭火。最常见的灭火器，是泡沫灭火器。这种灭火器里装的并不是二氧化碳，而是相互隔开的两种溶液。一种是碳酸氢钠（$NaHCO_3$，俗名小苏打）溶液，盛放在灭火器的铁筒里。另一种是硫酸铝〔$Al_2(SO_4)_3$〕溶液，盛放在铁筒中心的一个玻璃容器中。当灭火器正放的时候，两溶液是互不接触的。灭火时，要把灭火器倒置过来，这时，两种溶液就会混合起来，并立即发生化学反应，生成大量二氧化碳。筒内因有大量气体生成，压力急剧增大，二氧化碳就会快速喷射出来。两溶液的化学反应是：

$$Al_2(SO_4)_3 + 6NaHCO_3 == 2Al(OH)_3\downarrow + 3Na_2SO_4 + 6CO_2\uparrow$$

（硫酸铝）　（碳酸氢钠）　（氢氧化铝）　（硫酸钠）（二氧化碳）

由于筒内常含有少量泡沫剂，这样，喷射出来的实际是二氧化碳泡沫。它能更好地覆盖在燃烧物表面，起到使燃烧物与空气隔绝的作用，从而提高灭火的效果。

泡沫灭火器使用简便，效果显著，适于一般物质的着火，但对于电器设备着火，在未切断电源的情况下，不得使用泡沫灭火器。这是因为随二氧化碳喷出来的液体能够导电，易造成手持灭火器的人触电。电器设备的着火，可用二氧化碳灭火器来扑灭。这种灭火器是在加压的情况下，把液体二氧化碳装入一个小钢瓶内，使用时打开开关，二氧化碳就会急速喷射出来，并变为气体，可使周围温度降低。

此外，还有一种利用二氧化碳灭火的干粉灭火器。它由2部分组成，一个较小的钢瓶和一个较大的机桶。钢瓶盛有液体的二氧化碳，机桶里是干粉灭火药剂，其主要成分是小苏打粉。使用时，将钢瓶开关打开，二氧化碳压力很大，可带动干粉沿喷嘴迅速喷出。干粉既有覆盖燃烧物使之与空气隔离的作用，而所含的小苏打粉受热又可产生二氧化碳，故能较快地起到灭火的作用。这种灭火器，对电器、油类及化学物质的着火都能使用。

从化学的角度来看，灭火时应该记住两点，一是使燃烧物与空气隔离，一是降低温度到着火温度以下。这就是说，灭火就是要想方设法来破坏物质燃烧的两个必备条件。二氧化碳能扑灭烈火，能移山造石，还能进行光合作用，这些都是为人类造福的巨大功绩。近些年来，它又作出了新奉献。科学家已经研究出一种用二氧化碳制塑料的方法。这种塑料最大的优点就是能在土壤中自行分解掉，不像现在用的塑料，用后会给环境造成污染（白色污染）。这项研究成果，如能降低成本，就有望推广使用。另一项奉献就是制油漆。现在一般用的油漆使用后，会挥发出含有毒物甚至是致癌的气体，这对人的健康十分有害。近年来，美国一家公司研制出一种用二氧化碳作溶剂的油漆。二氧化碳在通常情况下是气体，气体怎么作溶剂呢？他们采用的办法，就是在一定温度下增大压力，使二氧化碳变成液体。这种油漆，干得快、光泽好、不会产生有毒污染物。

在手中就能融化的金属

你见过在手掌里就会融化的金属吗？对，世界上就存在这样的金属——镓。当你将一块镓放在手心里正要观察时，却发现它开始融化了，像水银一样流动起来。镓是 1875 年法国化学家布瓦博德朗发现的，他为了纪念自己的祖国，就以法国古时候的名字——家里亚命名它，简称镓。

镓的熔点只有摄氏 29.8 度，低于人体温度，所以在手心里会熔化；然而镓的沸点却高达摄氏 2 403 度，这一特点被人们用来制作高温温度计。因为汞的沸点是摄氏 357 度，水银温度计一般做到 350 度，当然也有 400 度以上的，但很容易因热产生气泡，影响准确度，而用石英管做的镓温度计，可以测量摄氏 1 500 度的高温，称得上是直接读数温度计的冠军。由于镓的熔点低，可做易熔合金，用在消火栓上做堵头，一旦起火，温度升高，堵头熔化，水能自动喷出灭火，消防人员可以很快找到它，消火栓口也受到水的降温保护，不会被烧毁。比镓晚发现 15 年的铯，其熔点比镓还低，只有摄氏 28.5 度；但是没有人敢把它放在手心里，因为它太活泼了，在空气中会自燃，在水中能爆炸，放在手心里会烧毁皮肤，所以千万不要用手碰铯哦。那么把它放在哪里呢？人们只能将它放在煤油里，以隔绝空气和水。

由于铯能与水激烈反应，所以已被用来做电子管里的干燥剂。极少量的铯在真空管里吸干净微量的水蒸气，能大大提高真空度，延长电子管的寿命。光线照到金属铯上，它就能释放出一束电子，科学家利用铯的这个特性，制成了光电管。

现在铯又被制作成了计量时间的标准，叫做“铯原子束时间频率基准器”。这是目前世界上最准确而又最稳定的时间频率计量基准，准确到 10 万亿分之一，30 万年都差不了 1 秒钟。这对于人类探索宇宙有着极其重要的意义。

轻金属中的钢——铍

在过去，人们将一种翠绿晶莹、光耀夺目的宝石称为绿柱石。它曾是供贵族玩赏的宝物，为什么绿柱石被当作了珍品呢？这不仅是由于它美丽的外表，更是因为它里面含有一种珍贵稀有的金属元素——铍。

“铍”的含意就是“绿宝石”。最初，人们只能用活泼的金属钙和钾还原氧化铍和氯化铍，制得纯度不高的金属铍。后来，人们才对铍进行小规模的加工生产。现在，铍的产量逐年激增，质量和纯度也不断的提高，现在，人们每年要生产好几百吨的铍。

铍的发现时间较早，但在工业上的应用却很晚，其原因是在铍的提纯工作上，要从铍矿石中把铍提纯出来很困难，而铍又极易与其他物质反应，只要含有一点杂质，它的性能就会发生很大的变化，失去许多优良的品质。

当然现在人们已经采用现代的科学方法生产出大量纯度很高的金属铍。铍的神秘面纱也被人们揭开了：比重比铝轻 1/3；强度跟钢差不多，传热本领是钢的 3 倍，是金属中良好的导体；透 X 射线的能力最强，有“金属玻璃”

之称。也因为有诸多的性能，人们称它是"轻金属中的钢"。

在最初的时间里，由于冶炼技术不过关，炼出来的铍里含有杂质，脆性大，不好加工，加热时又容易氧化，所以少量的铍只是在特殊情况下使用，比如 X 射线管的透光小窗、霓虹灯的零件等等。后来，人们给铍的应用开辟了一个广阔而又重要的新领域——制造合金，特别是制造铍铜合金——铍青铜。

我们都知道，铜比铁软许多，弹性和抵抗腐蚀的能力也不强。但是，在铜中加进一些铍后，铜的性能就发生了惊人的变化。含铍 1% ~ 3.5% 的铍青铜，机械性能优良，硬度加强，弹性极好，抗蚀本领很高，而且还有很强的导电能力。用铍青铜制成的弹簧，可以压缩几亿次以上。铍青铜近年又被用来制造深海探测器和海底电缆，这对海洋资源的开发具有重要的意义。

而含镍的铍青铜有更加突出的优点：受到撞击的时候不会产生火花。这个特点对炸药厂很有用。因为许多易燃易爆的材料一见火就会发生爆炸。而铁制的锤子、钻头等工具在使用时都会冒出火花，这自然不适合在炸药厂使用。自然，用这种含镍的铍青铜来制造这些工具最合适不过了，另外，含镍的铍青铜也不会被磁铁所吸引，不受磁场磁化，所以又是制造防磁零件的好材料。

近年来，比重小、强度高、弹性好的铍还被用作反射镜用到高精度的电视传真上，效果显著，一张照片的发送的时间只要几分钟。铍在航空领域也得到了很大应用。有些铍合金是制造飞机的方向舵、机翼箱和喷气发动机金属构件的好材料。现代化战斗机上的许多构件改用铍制造后，由于重量减轻，装配部分减少，使飞机的行动更加迅速灵活。有一种新设计的超音速战斗机——铍飞机，飞行速度可达 4 000 千米/时，相当于声速的 3 倍多。在将来的原子飞机和短距离起落的飞机上，铍和铍的合金一定会得到更多的应用。进入 20 世纪 60 年代以后，铍在火箭、导弹、宇宙飞船等方面的用量也在急剧增加。

铍是金属中最好的良导体。现在有许多超音速飞机的制动装置是用铍来制造的，因为它有极好的吸热、散热的性能，使"刹车"时产生的热量很快就散失。

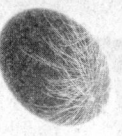

　　当人造地球卫星和宇宙飞船高速穿越大气层的时候，机体与空气分子摩擦会产生高温。铍作为它们的"防热外套"，能够吸收大量的热量并很快地散发出去，这样就可防止温度过度升高，保障飞行安全。

　　铍还是高效率的火箭燃料。铍在燃烧的过程中能释放出巨大的能量。每千克铍完全燃烧放出的热量高达6万多千焦耳，是一种优质的火箭燃料。

制造核燃料的原料——钍

　　在一些偏僻的小山村，如果没有通电的话，每当夜间演戏时，广场上总会点起几盏煤气灯。但是这种煤气灯并不是用煤气点的，而是用煤油作燃料。

　　煤气灯的灯罩十分有趣：刚买来时，它是柔软、洁白、闪耀着蚕丝般光彩的苎麻纱罩。可是，点过一次后，它就变成一个硬邦邦的白色网架子，用手指一触，就会被碰得粉碎。然而，它却能被点数十次，都不会烧坏。这是怎么回事呢？原来，这苎麻纱罩做好后，是在饱和的硝酸钍溶液里浸过的。就是因为有了硝酸钍，才使灯罩有了奇妙的本领。

　　硝酸钍是钍的盐类。钍是瑞典化学家贝采利乌斯在1828年发现的。它是银白色的金属，密度跟铅差不多，也很柔软。在常温下，钍的性质很稳定，不会被氧气氧化，在酸碱溶液中也不会被腐蚀。但在高温下，它就活泼起来，能跟许多非金属起反应。

　　二氧化钍是钍的最重要的化合物。它在高温下受到激发，会射出白色的光。人们也正是利用它的这一特性，来制造煤气灯罩。浸过饱和硝酸钍溶液的苎麻灯罩在高温下，苎麻纤维马上就烧掉了，而硝酸钍分解，放出二氧化氮，剩下的就是二氧化钍。煤气灯之所以那么亮，是与二氧化钍发出的白光分不开的。

　　钍还有放射性，这是居里夫人在1898年发现的。钍在"原了锅炉"中受到中子"炮弹"的轰击后，会转变成铀233。这种特殊的铀的同位素在自然界中是找不到的。它可以作为核燃料，用于"原子锅炉"中。因而，钍本身虽然不能作为核燃料，但却是制造核燃料的原料。

钍在地壳中含量约为 6/1 000 000，差不多比铀多 3 倍，而且比铀集中，容易提炼。也正如此，钍越来越受到科学家的重视，相信随着科学的发展，钍会被应用到更多的领域。

冶金工业的维生素

在人类漫长的岁月中，人们以石头作为工具使用了很长的时间。火被人们发现以后，它给人们带来了第一种有用的金属——铜。我们的祖先自此与石器告别，进入了青铜器时代。一直到今天，铜对我们来说，依然是十分重要的金属。

而今日，人类又发现了一种在地壳里的蕴藏量比铜还多好几倍的稀有金属——锆。人们在 1789 年的一种矿石中就发现了锆的存在，但是一直到了 35 年后，人们才真正的发现了锆元素，它是一种银灰色的金属。

致密的锆在空气中的化学性质并不活泼，但是灰黑色的锆粉却在摄氏 200 度的条件下就能着火燃烧，发出刺眼的光芒。锆丝也极容易燃烧，微弱的火光就可以将锆丝点燃。

虽然锆丝极容易点燃，但是人们还是将它列入稀有高熔点金属的行列，这是为什么呢？

原来，人们并没有弄错，锆的熔点确实是很高的，在摄氏 1850 度左右，熔点比它更高的金属实在不多。要知道，粉状、丝状的锆发生急速氧化是化学反应，而固体的锆受热熔化变成液体却是物理反应，这是两个毫不相干的事情。

由于锆在自然界中"喜欢"藏在其他的矿物里，所以很晚才被人们发现。就是发现后，也被人们认为是一种用处不大的金属，加上它提炼起来也十分困难，所以在很长一段时间里，一直受到人们的"冷遇"。然而，最近几十年来，随着原子能事业的飞速发展，锆终于找到了"用武之地"，人们对它也有了全新的看法。现在，锆已经广泛应用于原子能领域。

锆能强烈地吸收氮、氢、氧等气体。当温度超过摄氏 900 度时，锆能猛

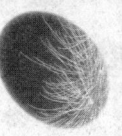

烈地吸收氮气；在摄氏 200 度的条件下，100 克金属锆能够吸收 817 升氢气，相当于铁的 80 多万倍。虽然锆的这个特性给工人师傅添加了不少麻烦，但是在其他方面却得到了较好的应用。如在电真空工业中，人们广泛利用锆粉涂在电真空元件和仪表的阳极和其他受热部件的表面上，吸收真空管中的残余气体，制成高度真空的电子管和其他电真空仪表，从而提高它们的质量，延长它们的使用时间。

锆还可以用做冶金工业的"维生素"，发挥它强有力的脱氧、除氮、去硫的作用。钢里只要加进 1/1 000 的锆，硬度和强度就会惊人地提高；含锆的装甲钢、不锈钢和耐热钢等，是制造装甲车、坦克、大炮和防弹板等国防武器的重要材料。把锆掺进铜里，抽成铜线，导电能力并不减弱，而熔点却大大提高，用做高压电线非常合适。含锆的锌镁合金，又轻又耐高温，强度是普通镁合金的 2 倍，可用到喷气发动机构件的制造上。而锆粉的特点是着火点低和燃烧速度快，可以用做起爆雷管的起爆药，这种高级雷管甚至在水下也能够爆炸。锆粉再加上氧化剂，这好比火上加油，燃烧起来强光炫目，是制造曳光弹和照明弹的好材料。

锆的氧化物二氧化锆也对人们有极大的用处，把白色的二氧化锆掺进陶瓷里，可以使它变得更加洁白光亮，更加耐热刚强。用这种陶瓷制成的高温绝缘瓷瓶，有很强的绝缘能力和很小的膨胀系数，在高压输电线路里是必不可少的。

"小太阳"的秘密

1965 年的春天，在我国上海南京路上海第一百货商店大楼顶上，出现了一盏不一般的灯，它的功率高达两万瓦。每当黑夜到来时，它的光芒照得南京路上如同白昼一般。但是这盏灯并不大，灯管只比普通日光灯长 1 倍。人们称誉它为"人造小太阳"。"人造小太阳"，就是高压长弧氙灯的通俗的说法。它为什么能发出这么强的亮光呢？

原来是居住在里面的非凡"居民"——氙的功劳。氙气是一种无色气体，密度是空气的 3 倍多。可是它在空气中的含量十分稀少，只占总体积的 8/100 000 000，因而人们难得见到它，也难怪当初发现它时科学家就用拉丁文给它起了个名字叫"生疏"，翻译成中文就是"氙"。

氙在电场的激发下，能射出类似于太阳光的白光，"人造小太阳"就是利用它的这个特性制成的。这种灯的灯管是用耐高温、耐高压的石英管做成的，两头焊死，各装入一个钨电极，管内充入高压氙气。通电后，氙气受激发，发出强烈的白光。

一盏 6 万瓦的氙灯的亮度，相当于 900 只 100 瓦的普通灯泡！"人造小太阳"的用途极广，比如电影摄影、舞台照明、放映、广场和运动场的照明等，都能用到它。

更有意思的是，氙还具有一定的麻醉作用——它能溶于细胞汁的油脂中，引起细胞的膨胀和麻醉，从而使神经末梢的作用暂时停止。人们曾试用 4/5 的氙气和 1/5 的氧气组成混合气体，作为麻醉剂，效果很好。只是由于氙气很少，所以目前还不能广泛应用。

氙是 1898 年由英国化学家拉姆赛和特拉弗斯在分馏液态空气时发现，它是稀有气体中唯一能在室温下形成稳定化合物的元素。1962 年首次合成氙的化合物，此后又合成许多氙的化合物，主要是氟化氙和氙的氧化物；氟化氙有 3 种，都是无色晶体，在室温干燥的条件下非常稳定；氙的氧化物有 2 种；还有一种氙的氟氧化物。目前已知氙的化合物有 80 多种，包括氟化物（二氟化氙、四氟化氙、六氟化氙）、氢化物、氮化物以及高氙酸钠。三氧化氙具有高度爆炸性。除了个别化合物外，氙化合物都是无色的。

氙没有腐蚀性，可使用所有的通用材料保存，氙可用玻璃瓶包装，外加木箱或纸箱保护。贮运过程中要轻装轻卸严防碰损。

知识点

氙气灯的优点

在弧光放电中，电子与气体发生弹性碰撞损失的能量同气体的原子量成

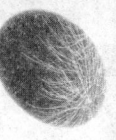

反比，所以与其他惰性气体相比氙气弧光放电时损失较小，发光效率高。同时，氙气的电离电势较低，放电时电极附近的电压降小，这样可以延长电极的寿命。又由于氙原子结构的特点，长弧氙灯发出的光谱和日光非常接近，所以汽车灯里冲入氙气比冲入其他的气体效果好，这也是氙气灯的最大特点。

五颜六色的铜

铜、铁、铝是常见的金属材料，虽然，铜在应用方面很多方面都不如铁和铝，但是铜有着铁和铝不及的优点。

一段电线，最里面使用的就是紫色的纯铜，纯铜的导电、传热本领最强。在电气工业上都是铜占据主要作用：电线、电开关、电扇、电铃、电话等，都需要大量的铜。现在，世界上每年有50%的铜是用于电气工业的。电气工业上所需要的铜，都是非常纯的，一般用电解粗铜的方法来制得。

铜很软，具有很强的延展性，普通的一滴纯铜，可以拉成长2000米的细丝。

有些乐器也是用铜做的，更确切地说是用黄铜做的，黄铜是铜与锌的合金。我国在汉代时就已经掌握了制造黄铜的方法。黄铜是因色黄而得名。其实，这“黄色”只是一般来说罢了。严格地讲，随着含锌量的不同，黄铜的颜色也不同。如含锌量为18%～20%时，呈红黄色；含锌20%～30%，呈棕黄色；含锌30%～42%，呈淡黄色；含锌42%～50%，呈金黄色；含锌50%～60%，呈黄白色；含锌60%以上，呈银白色。工业上所用的黄铜，一般含锌量在45%以下，所以常见的黄铜大都是黄色的。黄铜敲起来的音响效果很好，所以人们常用它来制造乐器。

在一些高大的建筑物前，常常矗立着庄严而黝黑的铜像，就是用青铜铸造的。青铜是铜与锡的合金，有时也含有锌。很多金属受冷要收缩，而青铜受冷后却会“变胖”——膨胀起来。因此用青铜铸造的塑像，眉目清楚，轮廓正确。青铜也很耐磨，“青铜轴承”是工业上大名鼎鼎的耐磨轴承，纺纱机里的轴承，很多是用青铜做的。

用白铜做的器皿都是光亮闪闪的，很漂亮，而且不容易生铜绿。白铜，就是在铜里加进一些镍制成的，是铜镍合金。我国在公元前 1 世纪就知道制造白铜的方法了。我国古代把白铜称为"鋈"《诗经·秦风·小戎》中有一句"阴鋈续"，就是用白铜装饰马具的意思。

《本草纲目》和《天工开物》中，有更详细的关于用砒矿炼白铜的记载，书中讲到云南出产的砒矿，就是现在矿物质学上所说的"砒镍矿"。直到 18 世纪，白铜才从中国传入欧洲。那时，德国人学着中国的方法，大量进行仿造。在过去，有人把白铜称作"德银"，那是不对的。因为在化学上，铜和银是不相同的两种元素，二者之间没有必然的联系，白铜是铜和镍的合金，和银只是颜色相近罢了。

孔雀石与铜

孔雀石是一种古老的玉料。孔雀石的英文名称为 Malachite，来源于希腊语，意思是"绿色"。中国古代称孔雀石为"绿青"、"石绿"或"青琅玕"。孔雀石由于颜色酷似孔雀羽毛上斑点的绿色而获得如此美丽的名字。它的硬度是 3.5～4，呈不透明的深绿色，且具有色彩浓淡的条状花纹——这种独一无二的美丽是其他任何宝石所没有的，因此几乎没有仿冒品。

孔雀石是一种含铜碳盐的蚀变产物，产于铜的硫化物矿床氧化带，常与其他含铜矿物共生（蓝铜矿、辉铜矿、赤铜矿、自然铜等）。世界著名产地有赞比亚、澳大利亚、纳米比亚、俄罗斯、扎伊尔、美国等地区。中国主要产于广东阳春、湖北大冶和赣西北。

吸毒工具——活性炭

在许多毒气泄漏事故的现场，消防人员都会带着奇特的面具来躲避毒气

的侵害，这就是防毒面具。防毒面具还有一段鲜为人知的历史。

在第一次世界大战时，人类第一次把化学武器搬上了战场。德、奥两国在与英法的一次交战中，把毒气用到了战场上，这些化学毒气有沙林等多种类型。这次成功地动用毒气，使英法联军的士兵成批死亡，伤病增加，战斗力严重削弱了。为了抵抗德、奥的毒气，英法联军统战部下令发明研制抵挡的"盾牌"。经过种种努力，终于制造出了第一批防毒面具并大量地投入战场，有效地阻挡了德国的毒气进攻。

二战期间，德国纳粹使用毒气屠杀犹太人时，他们就带着防毒面具进入"囚室"，许多人被毒气毒死，他们却安然无事。这都是防毒面具的作用。

为什么防毒面具能够成为"吸毒"的专家呢？原来，防毒面具中有一道"防毒墙"——活性炭，它才是真正的"吸毒"专家。它能把有毒的气体截住，只让氧气和其他无害的气体通过。这样，人在毒气弥漫的环境下，仍能进行正常的呼吸和工作，有力地保护了人的健康。所以在有毒气存在的环境下，消防队员必须带上防毒面具以防中毒。

活性炭是用木炭、硬果壳（或者用核桃壳）或兽骨干馏制成的。干馏就是在隔绝空气的条件下进行加热处理。经过干馏，木材中的纤维素、木炭素都变成了炭，同时，水分及许多挥发性的物质不断逸出，在炭中留下了无数的孔隙。为了使那些难以挥发的物质不至堵塞炭里的孔隙，还要将经过干馏制成的炭，在摄氏800度～900度的高温蒸气下进行处理，以清除这些堵塞物。这样制成的活性炭，具有质轻、疏松、多孔的特点，每克就有几百平方米的表面积，因为吸附气体的能力特别强。放在防毒面具里的活性炭还经过了氧化银、氧化铬和氧化铜等物质的溶液浸泡，具有催化的作用，能使毒剂与氧发生氧化反应而变成无毒的物质。

这就是为什么它可以使带着防毒面具的人不中毒的原因。

活性炭还被用来治病。因饮食过多或受冷引起腹痛、腹泻时，医生常会开一些药用炭（即活性炭）。药用炭能吸附肠内的杂物，减少这一些杂物对肠黏膜的刺激，起到止痛、止泻的作用。

在制糖工厂里，活性炭也是一个重要的角色，它是脱色剂。颜色呈现暗黄，含蔗糖96%左右的粗糖，经过活性炭脱色以及真空浓缩、结晶并分蜜等加工，就能制成白得耀眼的、含糖99.7%以上的精糖——高级的白糖了。

此外，活性炭还被应用于空间技术中。当宇宙飞船在空间航行时，须有一套单独的生态系统，其中的空气是补充适量的氧气后循环用的：宇航员呼出气体后，必须经过化学物质吸收二氧化碳，并通过活性炭吸附，除去臭味及其他物质，然后才能补充氧气，循环使用。

活性炭被广泛应用于工农业生产的各个方面，如石化行

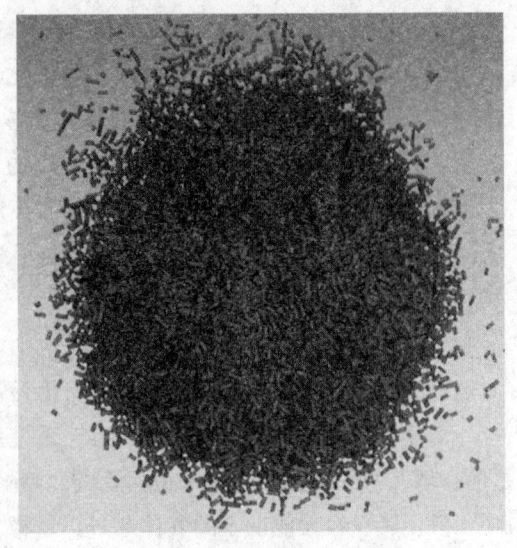

活性炭

业的无碱脱臭（精制脱硫醇）、乙烯脱盐水（精制填料）、催化剂载体（钯、铂、锗等）、水净化及污水处理；电力行业的电厂水质处理及保护；化工行业的化工催化剂及载体、气体净化、溶剂回收及油脂等的脱色、精制；食品行业的饮料、酒类、味精母液及食品的精制、脱色；黄金行业的黄金提取、尾液回收；环保行业的污水处理、废气及有害气体的治理、气体净化；以及相关行业的香烟滤嘴、木地板防潮、吸味、汽车汽油蒸发污染控制，各种浸渍剂液的制备等。

防止钢铁生锈的金属铬

铬是银白色的金属，它的熔点很高，比重和铁差不多。别看铬的长相不怎么样，在所有金属中，铬是最坚硬的。但是，我们平常看到的铬却很脆弱，这是为什么呢？原来，它里面含有氢或极少量的氧化物。

铬在常温下的化学性质并不活泼，将它放在空气或浸入水中，不会像铁

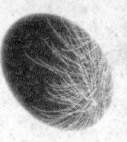

一样生锈。许多手表的外壳银光闪闪，人们说它是镀了"克罗米"，其实，"克罗米"就是铬，是从铬的拉丁文名字音译过来的。一些眼镜的金属架子、表带、汽车车灯、自行车车把与钢圈、铁栏杆、照相机的架子等，也都镀了一层铬，不仅美观大方，而且还能防止钢铁生锈。

铬的脾气很奇怪，在电镀时所镀的铬层越薄，越是会紧贴在金属的表面，不易脱落。在一些炮筒和枪管的内壁，所镀的铬层仅有 0.005 毫米厚，但是，发射了千百发炮弹、子弹以后，铬层依然还在。如果要往铜上镀铬，最好先镀上一层镍，然后再镀上铬，这样可以使镀铜更加耐用一些。

铬的最重要的用途是用来制造不锈钢。在钢材里加进 12% 的铬和 8% 的镍，就制成了不锈钢。人们曾做过这样的实验：把两块重量都为 20 克的不锈钢和普通碳素钢，放在腐蚀性极强的硝酸中煮一昼夜，结果普通钢被强烈地腐蚀了，只剩下不到 14 克，而不锈钢只被腐蚀掉了 0.2 克。

在常温下，不锈钢对空气、海水、水蒸气、盐水、有机酸等，都具有很好的耐蚀性。在化工厂里，人们常用不锈钢来制造各种管道和设备，像合成氨工厂，就需要 20 多种具有不同性能的不锈钢。仅一只手表中，不锈钢就占总重量的 60% 以上，因为表壳，机器零件很多都是用不锈钢做的。所谓"全钢手表"，就是指它的表身和后盖都是用不锈钢制的。一些医疗器械，如手术刀，注射器的针头、剪刀等，也大都是用不锈钢制作的，看上去十分清洁耐用。用不锈钢制成的轮船、汽艇，表面根本不用涂漆。

1974 年，在陕西省临潼县发现了秦始皇的陶俑坑，人们在一个墓坑里出土了 3 把宝剑。剑身乌黑透亮，寒光逼人。这三把宝剑在五六米深的潮湿土壤中埋了 2 000 多年，出土时不仅毫无锈迹而且依然锋利逼人，为何它们历经了数千年的时间多没有生锈呢？

科学家经过仔细研究，发现这三把宝剑的表面经过了特别的处理。古人用的是铬盐氧化法。铬酸盐是一种非常强的氧化剂，它可以使剑的表层金属生成一层致密而稳定的氧化膜，因而保护了里面的金属。但是，这种铬酸处理技术，在国外直到 20 世纪 30 年代才开始应用于金属的抗蚀，而我国人民早在 2 000 多年前就已掌握了它。这不得不说是一个奇迹啊。

畏热畏寒的锡

人在进入老年后，身体适应环境的能力就会下降，所以有许多的老人在适应盛夏和严冬时都会怕热畏寒。在金属元素中，也有一个这样怕热畏寒的"小老头"——锡。

1912年，有个名叫斯科特的英国人率领一个船队去南极洲探险。他们经过了漫长的航行，终于到达了冰国世界——南极洲。但是在他们正准备登陆的时候却突然发现，船上贮备着生活用燃料油的油箱全部迸裂了，燃料油从箱子里哗哗地流了出来。没有燃料油，人就不可能在极端寒冷的南极洲上生活，当然更谈不上探险了。惊魂未定的斯科特只好命令船队立即返航……最后，他们虽然返回了英国，但在艰难的旅程中，却有几个队员牺牲了。

到底是什么缘故使得燃料箱爆裂了呢？经过研究，人们才知道是由于南极严寒的气候，使得油箱接缝中的焊锡发脆，造成了油箱的迸裂。

原来，锡在不同的温度下，有3种性质大不相同的形态。在摄氏零下13.2～161度的温度范围内，锡的性质最稳定，叫做"白锡"，它具有优良的延展性，可压成很薄的锡片，人们称之为锡箔。锡箔可用来包装食品、糖果或香烟等。如果温度升高到摄氏160度以上，白锡就会变成一碰就碎的"脆锡"。锡对于寒冷的感觉十分敏锐，当温度降低到摄氏零下13.2度以下时，它就会由银白色金属逐渐地转变成一种煤灰状的粉，这叫做"灰锡"。另外，从白锡到灰锡在转变还有一个有趣的现象，这就是灰锡有"传染性"，白锡只要一碰上灰锡，哪怕是碰上一小点，白锡马上就会向灰锡转变，直到把整块白锡毁坏掉为止。人们把这种现象叫做"锡疫"。幸好这种病是可以治疗的，把有病的锡再熔化一次，它就会复原。

那么，怕冷又怕热的锡究竟有什么用途呢？

金属锡被用来制造成各种各样的锡器和美术品，自古以来我国制作的很多锡器和锡美术品就畅销世界许多国家。金属锡还可以做成锡管和锡箔，用在食品工业上，可以保证清洁无毒。金属锡的一个重要用途是用来制造镀锡

铁皮。这种锡铁皮能抗腐蚀，又能防毒。这是由于锡在常温下不易被氧气氧化，所以它经常保持银闪闪的光泽，不和水、各种酸类和碱类发生化学反应。锡无毒，所以锡被广泛应用于食品工业，而且在军工、仪表、电器以及轻工业的许多部门都有它的身影。工业上，还常把锡镀到铜线或其他金属上，以防止这些金属被酸碱等腐蚀。人们常把它镀在铜锅内壁，以防铜温水生成有毒的铜绿。牙膏壳也常用锡做。

锡金属十分柔软，用小刀就能切开它。

锡是"五金"（金、银、铜、铁、锡）之一。锡器历史悠久，可以追溯到公元前3700年。早在远古时代，人们便发现并使用锡了。在我国的一些古墓中，便常发掘到一些锡壶、锡烛台之类的锡器。据考证，中国周朝时，锡器的使用已十分普遍了。在埃及的古墓中，也发现有锡制的日常用品。古时候，人们常在井底放上锡块，净化水质。在日本宫廷中，精心酿制的御酒都是用锡器作为盛酒的器皿，盛酒冬暖夏凉，淳厚清冽，锡器具有储茶色不变的特性，锡茶壶泡茶特别清香，用锡杯喝酒清冽爽口，锡瓶插花不易枯萎。

金属锡主要用于制造合金。锡与硫的化合物硫化锡的颜色与金子相似，常用作金色颜料。锡于常温下，在空气中不受氧化，用高温加热，则变为二氧化锡。二氧化锡是不溶于水的白色粉末，可用于制造搪瓷、白釉与乳白玻璃。1970年以来，人们把它用于防止空气污染——汽车废气中常含有有毒的一氧化碳气体，但在二氧化锡的催化下，在摄氏300度时，可大部转化为二氧化碳。

宇航新材料——钛

在过去，制造飞机的材料是铝镁合金。但是随着航空工业的发展，飞机的飞行速度越来越快，飞机表面与空气由于摩擦生热而温度越升越高。这时候，铝镁合金就无法承受了，强度将迅速降低。事实上，最高熔点温度仅摄氏200度左右的铝合金，根本不能用来制造飞行速度超过音速两倍半的喷气式飞机；而用耐热的不锈钢来制造又太笨重。那么应该用什么材料呢？

现在一般都用钛和它的合金。一般来说，飞行速度超过二三倍音速的飞机，就要用钛合金来制造，其他的金属很难胜任。那么，钛都有哪些优异的性能呢？

钛最珍贵的特点是比重小，强度大，在这方面它的性能比铍还要优越。钛比铁强韧得多，但是比重却只有铁的1/2，而且钛不会生锈。钛比铝稍微重一点，强度却比铝大3倍，它的耐热本领也远远大于铝。钛的比强度——强度和比重的比值——是不锈钢的3.5倍，铝合金的1.3倍，镁合金的1.6倍，是目前所有金属材料中最高的。钛合金既能经受住摄氏四五百度以上高温的锻炼，又能抗得起摄氏零下100多度低温的考验。因此，钛和钛合金已经成为制造飞机、枪炮、船舰等现代武器不可缺少的材料。

现代超音速喷气式飞机的发动机以及机身中的防火壁、机架、舱盖等，大部分就是用钛合金来制造的，一架巨型喷气式运输机上有上百万个紧固件，其中用钛量可达几吨甚至几十吨。有些超音速远程截击机，用钛量占它结构总量的95%，所以得到了"钛飞机"的称号。

钛还被应用在制造自动步枪、迫击炮以及装甲车、坦克的某些零件上。这样做的好处有很多。比如用钛合金代替钢材制造坦克的悬吊装置和履带之后，一下子就可以减轻重量40%，这可以提高坦克的作战能力。

除了飞机以外，火箭、导弹、宇宙飞船等对制作材料提出了更加苛刻的要求。在这方面，既轻又强韧，并且在高、低温条件都具有良好性能的钛发挥了作用。这些年来，人们研究和研制了许多新型的钛合金，抗拉强度都在100千克/毫米^{2}之上。这类高强度的钛合金究竟被用来干什么呢？现在，钛和钛合金主要用来制造火箭、导弹的燃料和氧化剂的储存箱以及其他高压容器。另外，大量的钛被用来制造火箭，导弹的外壳，及宇宙飞船的船舱等。

对于火箭、导弹和宇宙飞船来说，重量是其中一个很重要的因素。用钛和钛合金代替钢材后，火箭、导弹、宇宙飞船的重量可以减轻几百千克，这对于改善它们的飞行性能大有帮助。

比如，远程导弹每减轻1千克，可以增加射程7.7千米，末级火箭每减轻1千克，可以减少30~100千克的发射总重量，射程可增加15千米以上。由于重量减轻，还能节省大量昂贵的高级燃料，降低建造和发射的费用。这

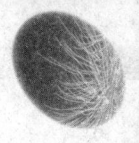

样你就明白了，把钛称之为"空间金属"是当之无愧的。

钛的抗蚀性比不锈钢还要强。在常温下，钛可以安然无恙地躺在各种强酸强碱的溶液中。就连最凶猛的酸——王水，也奈何不了它。特别在对海水的耐蚀性方面，钛的能力更强。有人曾经把一块钛片沉到海底，5 年以后取出来一看，上面除了粘了一些小动物和小植物外，却没有生锈，依然闪亮。

钛耐腐蚀，所以在化学工业上常常要用到它。过去，化学反应器中装热硝酸的部件都用的是不锈钢。其实不锈钢也怕那强烈的腐蚀剂——热硝酸，每隔半年，这种部件都要统统换掉。部件本身倒不贵，但每次更换时所花的费用和因停工而带来的损失，要比部件的价格高许多倍。现在，用钛来制造这些，虽然成本比不锈钢贵一些，但是它可以连续不断地工作 5 年，计算起来反而划算得多。

在制作电影时也会用到钛。电影的底片和正片在制作中，要经过多道工序，需用多种强酸强碱药物，它们对洗印设备腐蚀十分严重。1980 年西安电影制片厂首先在洗印设备上试用钛材，结果，过去几个月就被腐蚀变平的送片齿轮，改用钛制齿轮后，运转 1 年多时间，丝毫没有被腐蚀。

用钢铁制造的船舰航行在大海上时，水下部分必须是除锈涂漆的，否则很快就会变成"破铜烂铁"。而如果用钛和钛合金来制造军舰、潜艇、船舶的部件，那就可以避免此类麻烦和损失。用钛制造的潜水艇，重量不仅减轻了，其潜水深度也比不锈钢制造的潜水艇潜水的深度增加 80%，达到 4 500 米以上。

钛和液体、固体都难以反应，但是钛和气体却很容易起反应。钛能跟氮、氧、氢、二氧化碳、水蒸气、甲烷等许多气体相化合，人们利用钛的这个特性为来为我们的生活服务。

五光十色的焰火燃放也有着钛的功劳。当钛粉和氧气迅速结合而燃烧的时候，能够产生强烈的高温和光辉。焰火不但可以在节日里增加欢乐的气氛，而且可以作为军事上的信号弹，用来指示目标或传达命令。在弧光灯中加进适量的钛的化合物，可以增加它的亮度。利用钛对空气的强大吸收力，可以除去空气，造成真空。比如说，利用钛制成的真空泵，可以把空气抽到只剩下十万亿分之一。在冶金工业中，加少量的钛到钢或其他金属里，"吃掉"里面的气体和杂质，能够起到很好的脱氧除氮的作用，还能消除硫的有害影响，从而改善钢和其他合金的机械性能，提高它们的抗蚀能力。

我们见过许多白色的事物，雪是白色的，纸也是白色，但是你知道世界上最白的东西吗？

世界上最白的东西是二氧化钛，它是一种雪白的粉末，是最好的白色颜料，俗称钛白。以前，人们开采钛矿，主要目的便是为了获得二氧化钛。钛白有很强的黏附力，在常温下很稳定，永远是雪白的，特别可贵的是钛白无毒，不会对人体造成伤害。

1 克二氧化钛可以把 450 多平方厘米的面积涂得雪白。它比常用的白颜料——锌钡白还要白 5 倍，因而是调制白油漆的最好颜料。世界上用作颜料的二氧化钛，一年多到几十万吨。二氧化钛可以加在纸里，使纸变白而且不透明，因此，钞票纸和美术用品纸中都要加二氧化钛。在橡胶工业上，二氧化钛还被用作为白色的橡胶的填料。

在海洋里，渔民很容易地就捕捉到四处躲藏的鱼群，这是怎么回事，渔民是怎么知道鱼群躲的地方呢？原来，渔民是利用一个仪器，轻易地就能将鱼群的消息报告给渔民，它的名字叫鱼群探测仪。

为什么鱼群探测仪会有这么厉害呢？原来，鱼群探测仪里有一种叫做钛酸钡的物质，钛酸钡的晶体有这么一个特别的脾气：当人们把它放在超声波中时，由于超声波对物体会产生一定的压力，它受到压力就会产生电流；相反，当人们给它通电时，它又可以产生超声波。

人们就利用钛酸钡的这个特性，制成了鱼群探测仪。渔民先让高频电流通过钛酸钡的晶体，就产生了超声波，超声波可以在水中传播，当超声波碰到鱼群的时候，它们中的一部分就被鱼群挡了回来，钛酸钡接收到返回的超声波后，就会产生电流。这时，计时装置会记下超声波往返的时间，乘上超声波的速度，就可以计算出鱼群与渔船之间的距离。鱼群探测仪就是这样发现鱼群的位置的。

此外，钛酸钡还可以做成水底探测仪，它可以探清水底下的暗礁、冰山和敌人的潜水艇等。

战争金属——钼

钼是一种银白色的坚硬金属，极其耐高温，它的熔点高达摄氏 2620 度。在一般情况下，钼的性质很稳定，但是人们却把它称为"战争金属"，这是为什么呢？

原来是这样的：把钼加到钢里，钢的强度、韧性以及耐高温、抗腐蚀的本领都会得到很大的提高。这种钼的合金钢特别适合于用来制造枪炮筒、装甲板、坦克和其他武器装备，因为枪炮同弹药打交道，不坚硬强韧、不抗热耐磨是根本不行的。所以，在世界各国中，钼都是重要的战略物资。

在 20 世纪初，钼的产量非常少。随着第一次世界大战的爆发，人们开始大量制造枪支弹药，对钼的合金钢的需求猛增。据统计，第一次世界大战期间，钼的年产量几乎增加了 50 倍。第一次世界大战结束后，人们不再大量制造枪炮，因而对钼的需求不多，钼矿的产量急剧下降。1930 年以后，法西斯国家迅速崛起，它们疯狂地扩军备战，于是钼矿的产量开始回升。二战爆发后，各国又大量制造战争武器，在战争发展最关键的 1943 年，钼的年产量达到了最高点，约为 3 万吨。一直到现在，钼仍然是重要的战略物资。全世界大部分的钼仍被用来制造枪炮、装甲车、坦克等战争武器。因此，将钼称为"战争金属"是再合适不过了。

若干年前，在新西兰的一个牧场发生了一件奇怪的事情：一个农民在牧场上混种三叶草和禾本科牧草。但是那年的牧草长得又矮又小，有的甚至枯萎发黄。但是奇怪的是，在那片凋黄的牧场上，竟有一块地方的牧草长得格外好，远远看去，好像是黄色海洋里的一个绿色"小岛"。这是怎么一回事呢？这个农民经过观察发现，在这个"小岛"的旁边，是一个钼矿工厂。许多贪图抄近路的工人，常常从那儿经过，径直走向工厂的大门。工人们的皮靴上黏着许多钼矿粉。这些钼矿粉落到草地上，使牧草长得格外好。那么，为什么钼矿粉会使牧草长得好呢？后来，人们经过仔细地研究，才发现原来钼是植物生长必不可少的微量元素。那块牧场是缺钼的土壤，当落了一些钼矿粉时，就大见增产效果。

钼是植物生长的必要元素。少量钼的化合物能使小麦每公顷增产几百千克，豆类的产量增加得更多。

钼也是人体必需的元素。钼虽然在人体内含量极少，仅占体重的1/10 000 000。一个体重70公斤的人，体内钼的总量不会超过9毫克，但钼对人体的特殊功用却不能忽视。钼对人体心血管有特殊的保护作用。科学家在分析上百名心肌梗塞而死亡的病例时，发现这些人体内的钼含量比正常的人要少得多，而且心肌中含钼越少的地方，损害的情况越严重。

钼还可以阻止致癌类物质在人体内的合成，从而防止癌变。有一个地方在以前是食管癌的高发区，每年都有很多人患上这种绝症。后来人们发现这是土壤中缺钼造成的。近年人们使用了钼酸铵肥料后，食管癌的发病率逐年下降。钼还有显著的防龋齿的作用，在一些缺钼的地区，儿童龋齿的发病率很高，而当人们设法补充了钼之后，就发现这种病自己慢慢地消灭了。

在很多的食物中都含有钼，由于人对钼的需求很少，所以一般都不会缺钼。缺钼者除了要多吃一些含钼的食物外，还应注意本身对钼的吸收和利用，如因胃肠功能紊乱而造成缺钼的患者，应在补充含钼饮食的同时，加强对胃肠功能的治疗，才能从根本上解决缺钼的状况。

 知识点

钼合金

钼合金是以钼为基体加入其他元素而构成的有色合金。主要合金元素有钛、锆、铪、钨及稀土元素。铪元素不仅对钼合金起固溶强化作用，保持合金的低温塑性，而且还能形成稳定的、弥散分布的碳化物相，提高合金的强度和再结晶温度。钼合金有良好的导热、导电性和低的膨胀系数，在高温有高的强度，比钨容易加工。可用作电子管的栅极和阳极，电光源的支撑材料，以及用于制作压铸和挤压模具，航天器的零部件等。由于钼合金有低温脆性和焊接脆性，且高温易氧化，因此其发展受到限制。工业生产的钼合金有钼

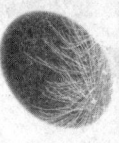

钛锆系、钼钨系和钼稀土系合金，应用较多的是第一类。钼合金的主要强化途径是固溶强化、沉淀强化和加工硬化。通过塑性加工可制得钼合金板材、带材、箔材、管材、棒材、线材和型材，还能提高其强度和改善低温塑性。

愚人金是什么

关于愚人金有一个小故事。在很久很久以前，有一个老财主爱财如命，整天逼着长工们工作。一天，老财主到山上来监视长工们是否在偷懒，突然，他在一个山谷里发现满地都是黄澄澄的"金子"，这简直让老财主乐疯了。他贪婪地将金子大把装进口袋里，直到口袋里再塞不下了，才跑回家把"金子"藏起来。从这以后，地主每天夜晚都摸黑上山，将一袋袋的"金子"往家里搬，直到家里无处可藏才罢手了。

有一天，地主挑了指甲那么大一块"金子"到钱庄里去换钱。钱庄的伙计接过"金子"一看，大骂地主是天字第一号大傻瓜，把"金子"给扔出来了。

原来，这根本不是什么"金子"；而是一种名叫黄铁矿的矿石。黄铁矿的矿石有着与真金一样美丽的金光闪闪的外貌，所以爱财如命的地主才上了一个大当，因此人们又把黄铁矿的矿石叫做"愚人金"。

其实，"愚人金"只是在外貌与颜色上与金子相同，实际很容易区分。我们只需要把矿石放在手里掂量就清楚了，因为同体积的黄金的重量是黄铁矿的 3 倍，如果把黄金与铁矿石在试金石（可用没有上釉的瓷板或玻璃的碴口代替）上划一下，黄金留下的划痕是金黄色，黄铁矿石留下的条痕是绿黑色，掌握了这种判别的方法，你就可以很快的辨别出哪个是黄金，哪个是黄铁矿。

黄铁矿虽然名为铁矿，其实是不能用来炼铁的。黄铁矿的主要成分是二硫化铁（FeS_2），其中难以除掉的硫是钢铁的大敌。含硫过多的铁易脆易断裂，而在受热时更是如此。

但是黄铁矿虽然不能用来炼铁，却是炼制硫酸的好原料。由于黄铁矿中的铁和硫都会和氧气发生氧化反应。因此黄铁矿可以像煤一样在炉中熊熊燃

烧。燃烧后生成的二氧化硫气体和三氧化二铁，发生的反应可用下列化学方程式来表示：

$$4FeS_2 + 11O_2 \xrightarrow{\Delta} 2Fe_2O_3 + 8SO_2 \uparrow$$

得到的二氧化硫气体可以在催化剂五氧化二钒的作用下，与氧气继续化合而生成三氧化硫。三氧化硫可与水发生反应，生成硫酸：

$$2SO_2 + O_2 \xrightarrow{V_2O_5} 2SO_3$$

$$SO_3 + H_2O == H_2SO_4$$

硫酸是现代工业中必不可少的重要原料。

化肥工业是硫酸的最大主顾。每生产一吨过磷酸钙肥料需硫酸 380 千克。每生产一吨磷酸氨的氮磷复合肥料需硫酸 1.4 吨。农业现代化所需要的农药、除草剂、植物生长调节剂以及保存鲜花的防老剂等等，无一例外，都需要硫酸作为原料。冶炼有色金属也需要硫酸。生产 1 吨原子能工业用的锗，需要消耗 2 万吨硫酸。

石油工业需用硫酸来除去油中的杂质，以达到精制的目的。制造人造棉、人造羊毛、锦纶等化学纤维，生产染料、药品、洗衣粉、塑料王等产品，也都少不了硫酸。国防上用的炸药三硝基甲苯（T. N. T）、硝化甘油、苦味酸都离不开硫酸……

硫酸的用途真的很广泛，所以生产硫酸的黄铁矿也很有用哦。

鲨鱼不敢碰的东西

炎炎夏日，当你跳进淡蓝色的游泳池游泳时，是否知道，这池中的水其实是很稀的硫酸铜溶液，它用来杀灭众多游泳者身上带进来的细菌，以保证所有游泳者的健康。

在医学上，硫酸铜还用来做呕吐剂。当人误食了的一些不应吃的东西，医生常用硫酸铜催吐。

或许让你更感兴趣的是硫酸铜还是一种有效的防鲨药。关于防鲨药还要

从第二次世界大战说起，法西斯为了霸占整个世界，把战争的火焰烧到欧、亚两大洲，在大西洋、太平洋上的海战也空前的残酷。在海战中敌我双方都有大批舰只被对方击沉，船上幸存的指战员、士兵纷纷弃舰逃命。但是这些跳到海洋中的亡命者依然难逃死神的追杀，因为在海洋里还有很多鲨鱼在等待着他们。为了使自己的官兵能够免遭鲨鱼的围攻、吞灭，美国政府就号召全国有识之士都来研究防鲨的药品，许多科学家和各界人士纷纷响应，投入了以药防鲨的实验。

当时著名的文学大师海明威也加入了防鲨试验，他在自己熟悉的海域里圈起了一块海面，把含有硫酸铜和不含硫酸铜的诱饵互相交错地布置在海面上，看鲨鱼的反应。两天以后，当海明威乘船前去检查这些诱饵时，惊讶地发现鲨鱼已把不含硫酸铜的诱饵吃得精光，而含有硫酸铜的诱饵竟未发生任何变化，海明威高兴得跳了起来，他终于用一种简单的常见的盐类——硫酸铜，制成了防鲨鱼的良方。不久，美国海军官兵们很快都配备起用这种硫酸铜制成的"护身符"来防鲨鱼。从此，许多人就从鲨鱼嘴里逃过一劫。

无法腐蚀的塑料

聚四氟乙烯是当今世界上耐腐蚀性能最佳材料之一，连氢氟酸都无法腐蚀它，因此它有"塑料王"的美称。它能在任何种类化学介质中长期使用，它的产生解决了我国化工、油、制药等领域的许多问题。能在摄氏 250 度 ~ 摄氏零下 180 度的温度下长期工作，除熔融金属钠和液氟外，能耐其他一切化学药品，在王水（硝酸和盐酸的混合物，这两种酸都是强酸）中煮沸也不起变化。

聚四氟乙烯是四氟乙烯的高分子化合物，英文缩写为 PTFE。聚四氟乙烯的基本结构为：$-CF_2-CF_2-CF_2-CF_2-CF_2-CF_2-CF_2-CF_2-CF_2-CF_2-$。聚四氟乙烯相对分子质量较大，低者数十万，高者达千万以上。他不吸潮，不燃，对氧、紫外线均极稳定，所以具有优异的耐候性。

将聚四氟乙烯放进水里再拿出来，其光滑的表面没有一滴水，人们利用它的这个特性制造出了一种特殊的钢笔。

我们平常用钢笔吸墨水时，会发现普通的钢笔从墨水瓶里拿出时，会沾上许多的墨水。用纸擦的时候还会弄到手上，十分的麻烦。而用聚四氟乙烯制造钢笔吸墨水时却不会粘到墨水。

此外，聚四氟乙烯还被应用到厨房用具上——不粘锅。用这种锅烧菜不用担心粘锅底了，而且吃完饭，只要将锅一冲就被洗干净了。运用的也是聚四氟乙烯光滑的特性。而且这层聚四氟乙烯还可以把食物跟铝质隔开，能够避免人体摄入过量的铝。

知识点

王　水

王水又称"王酸""硝基盐酸"，是一种腐蚀性非常强、冒黄色烟的液体，是浓盐酸和浓硝酸按照体积比为3：1组成的混合物。它是少数几种能够溶解金物质之一，这也是它名字的来源。王水一般用在蚀刻工艺和一些检测分析过程中，不过塑料之王——聚四氟乙烯和一些非常惰性的纯金属如钽不受王水腐蚀（还有氯化银和硫酸钡等）。王水极易分解，有氯气的气味，因此必须现配现用。

醋是用什么做成的

醋酸是弱酸，即生活中常用的醋的关键成分。醋在我们的生活中扮演着十分重要的角色。它除了可用作日常调味品之外，在生活中还有许多妙用。如当我们的热水瓶内有了水垢时，用醋就可以清除；如果把汽油灯罩或煤油灯芯在醋里浸上四五分钟后取出晒干，就可以比较经久耐用和减少煤烟；在痢疾流行的秋季，如果我们经常吃些醋拌的菜，就可以增加胃内杀灭痢疾杆菌的作用。在农村，我们还创造了把酒和醋调配成农药以诱杀虫蛾的方法。

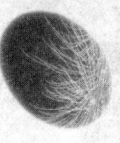

　　自古以来，人们就已经懂得了酒在空气中自然氧化"酸败而成醋"的道理。实质上这个过程就是发酵作用。用发酵法制醋，其基本原理和酿酒大致相似，只需将糖化、酒化后得到的未经蒸馏的含酒产物，再和麸皮、谷糠、醋酸菌等混合后进行发酵，控制前期温度为摄氏 40 度，后期为摄氏 36 度，约经 40 天之后，醋酸含量达 5% 以上，并不再上升时，即为成熟。这时，乙醇在醋酸菌的催化氧化下，便变成了醋酸：

$$C_2H_5OH + O_2 \xrightarrow{\text{催化剂}} CH_3COOH + H_2O$$

　　食用醋含醋酸约在 5%~6%，成醋发酵一般只能在黄酒、葡萄酒等酒类里进行，因为醋酸菌需要氮和磷作为养料。烧酒或纯酒精溶液一般都不可能通过发酵而制得醋酸。在长期的社会生活实践中，我国人民创造了多种多样生产食用醋的方法，我国醋的品种堪称世界第一，其中以山西陈醋、广东白醋最为有名。

　　醋已成了我国人民独特口味的调制品，它还可以用来帮助消化食物、防止风寒感冒。但是醋中所含有的醋酸就远远不止于这些功能了。醋酸究竟是什么呢？

　　醋酸又名乙酸，是无色而具有强烈刺激臭味的液体，纯醋酸是无色的吸湿性液体，凝固点为摄氏 16.7 度，凝固后为无色晶体。乙酸的熔点为摄氏 16.5 度，沸点摄氏 118.1 度，相对密度 1.05。尽管根据乙酸在水溶液中的离解能力它是一种弱酸，但是乙酸是具有腐蚀性的，其蒸汽对眼和鼻有刺激性作用。纯的乙酸在低于熔点时会冻结成冰状晶体，所以无水乙酸又称为冰醋酸。冰醋酸极易吸湿，能灼伤皮肤，造成皮肤脱水。一般，我们发酵法得到的是较稀的醋酸溶液，只适于食用。要想得到浓度较大的乙酸，就要用到木材干馏或者有机合成的方法了。

　　乙酸在化学中的运用可以追溯到很古老的年代。在公元前 3 世纪，希腊哲学家泰奥弗拉斯托斯详细描述了乙酸是如何与金属发生反应生成美术上要用的颜料的，包括白铅（碳酸铅）、铜绿（铜盐的混合物包括乙酸铜）。古罗马的人们将发酸的酒放在铅制容器中煮沸，能得到一种高甜度的糖浆，叫做"sapa"。"sapa"富含一种有甜味的铅糖，即乙酸铅，这导致了罗马贵族中的铅中毒。8 世纪时，波斯炼金术士贾比尔用蒸馏法浓缩了醋中的乙酸。

乙酸可以通过其气味进行鉴别。若加入氯化铁，生成产物为深红色并且会在酸化后消失，通过此颜色反应也能鉴别乙酸。乙酸与三氧化砷反应生成氧化二甲砷，通过产物的恶臭可以鉴别乙酸。

用木材干馏的方法可以制取乙酸。它采用山区的树皮、枝丫、树根或者木材厂的劈头、锯末为原料，在隔绝空气的密闭容器里加热，使之发生一系列物理和化学的变化，最后得到固、液、气态三种产物。固体就是木炭，气体是木煤气（主要是 CO、CO_2、CH_4 组成），液体产物叫做馏液，其中含有木焦油和木醋酸，很容易澄清并加以分离。分离出来的木醋酸中含有醋酸、甲醇、丙酮，再加入石灰后，醋酸便被中和为醋酸钙，由于甲醇、丙酮的沸点较低，所以加热后很容易被分离掉，留下的醋酸钙再加浓硫酸蒸馏，即可获得浓度为 60% 的醋酸。

合成法是近代大量生产醋酸的主要方法。将乙醛在催化剂醋酸锰作用下，用空气或氧气进行氧化即得。从石油化工中人们也已经找到了生产醋酸的工业方法，用石油等化工的重要产物烃类进行氧化是目前工业上合成醋酸的重要方向。近来，人们在实践中发现了甲醇与一氧化碳在特殊催化剂的作用下，于摄氏 175～254 度及低压下进行羰基化反应合成醋酸，也是值得注意的新工艺。

乙酸是重要的化工原料，用于制乙酸纤维素、乙酸乙烯酯、乙酸酐、氯乙酸、乙酸酯和盐等，适用于生产对苯二甲酸、纺织印染、发酵制氨基酸以及用作杀菌剂等。

重水是水吗

冰在零摄氏度开始融化，这是大家都熟悉的事情。但是在世界上有一种热"冰"，在摄氏 3.8 度时才融化。

有人会说是这种水中含有某种物质所致。其实并不是这样的，这是纯净的水，但与普通的水不一样，它叫重水。

重水也是水，普通的水分子是由 1 个氧原子与 2 个氢原子组成的。重水

的分子，也是由 1 个氧原子与 2 个氢原子组成。重水和水的不同，只是在于组成重水的氢原子不是普通的氢原子，而是重氢，学名叫做氘。重氢也是氢；普通氢原子的原子核，是由 1 个质子组成的，而重氢的原子核除了有 1 个质子外，还多含有 1 个中子。1 升重水比 1 升普通水大约要重 105.6 克。

在颜色上，重水和普通的水都是无色、透明的液体。但是如果你用重水养金鱼的话，鱼儿没多久就会死去；喝了重水的老鼠，也会很快丧命；普通的水在摄氏 100 度就沸腾了，重水在摄氏 101.4 度才沸腾、盐类在重水里的溶解度比在普通水里要小些；许多化学反应进行的速度，在重水里也要比普通水里慢一些。更奇怪的是，当用电流电解水时，普通水的分子很容易被电流"拆"成氢气与氧气，从两极跑掉。而重水几乎不会被电解！

在自然界中，重水含量十分稀少。100 吨水里大约含有 17 千克重水。现在，人们就是利用电流来大批大批地电解水。因为重水不易被电解，电解液里重水的浓度会越来越大，最后把电解液蒸馏一下，就制得了很纯的重水。当然，这样制备重水常常要消耗掉大量的电能，提炼 1 千克重水比熔炼 1 吨钢所需的电能还大 3 倍！比提炼金子贵多了。

在自然界里，重水的分布很不均匀。雪、雨水与地表面的水里，重水很少。然而，在一些动植物体中，特别是一些矿物中，重水的含量却较多。

尽管重水含量很少，但是人们还是不惜付出巨大的能量来制取重水，这是为什么呢？

原来，重水在现在原子能反应堆里，起减速剂的作用，在所有的减速剂中，要算是重水最好了，因为它不吸收中子。所以它的作用十分重要。重水是在 1931 年被人们发现的，如今，它已经成了非常重要的物质。

重水与身体健康

一般相信重水并不属于有毒物质，但是人体内的某些代谢需要轻水，所以如果只喝重水会生病。以老鼠做的实验发现重水能抑制细胞的有丝分裂，

引起需要迅速代谢的身体组织变坏。实验中的老鼠连续数天只喝重水后，体内约一半的体液变成重水；这时症状开始出现，需要快速细胞分裂的组织，如发根及胃膜最先出现毛病。本来快速增长的癌细胞生长速度亦出现减慢，不过减慢的程度并不足以令重水作为可行的治疗方法。

金属中也有"月老"

在我们的生活中，许多的家庭是靠"月老"或者"红娘"牵线搭桥组成的。其实，在金属之间也需要一些"红娘"或者"月老"牵线搭桥才能结合在一起。

在日常生活中，我们经常遇到电器损坏的情况，修理人员有时需要进行焊接，但是常会遇到焊锡不容易挂上的情况。尤其是焊铝制品和不锈钢时，焊锡往往形成一个沾不上的圆球，非常难焊。它们不"结合"该怎么办呢？

要解决这个问题，就需要了解这种现象产生的原因。

原来，铝制品的表面一般都有一层极为细密匀称的氧化铝保护膜——三氧化二铝，其他的如不锈钢是一种含有镍等金属的合金。正因为金属表面有着氧化膜，所以两者不能很容易的"焊接"上。也正是由于铜的表面没有这种牢固的氧化物，所以铜就比较容易焊接，因此在电器中许多导体就是由铜来担当的。

当我们想要钎焊某种金属时，如果所用的焊料能与金属牢固地黏合在一起，就可以认为在焊料与金属之间产生了牢固的固溶体或是金属间的化合物，并形成了很强的金属键。但是当金属的表面存在有氧化物时，这种氧化物会妨碍焊料与金属铝间的键合，即氧化物三氧化二铝与焊锡（铅锡合金）之间只能是一种异相结合，主要形成结合力很弱的范德华键，因此看到的现象是焊料不能很好地附着在金属上。当然引起这种现象的还有其他更为复杂的原因。

在以前，人们焊桶或锅时，一般要使用盐酸水溶液（其中溶有锌），这时，焊接就变得很容易。但是为什么要用盐酸呢？盐酸又起着什么作用？原

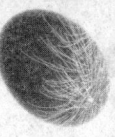

来，盐酸和通常钎焊时所用焊锡膏作用相同。钎焊时把它们总称为焊剂或助熔剂，通常由于焊料和焊件的不同它们也会改变，看，这些焊剂和助溶剂像不像是金属之间结合的"红娘"呢？但是，锌的盐酸水溶液或焊锡膏等焊剂，如果使用方法不当，焊接得也不会结实。然而，只要能选择焊剂，即使是铝也能钎焊。因此了解焊剂的作用，将是我们理解金属间"结合"的关键。

焊剂有 3 个作用：（1）通过化学反应除掉焊件（要焊接的金属）表面的氧化膜，形成清洁的金属表面。（2）和焊料发生某种化学反应，促进焊料在金属表面润湿（扩展力）。（3）焊剂并不直接参与金属—焊料间的结合。

用于钎焊的金属焊件以铜为最多。常用的焊剂有有机酸（硬脂酸等）、有机胶盐（盐酸苯胺）、无机酸与盐（盐酸、氯化锌）。

在钎焊铝制品时，可以使用氟硼酸和氟化钠等含氟化合物作为焊剂，因为这类物质具有除去牢固地附在金属表面上的氧化物的能力。如果这时选用的焊料也是含锌的"铝用焊料"，这样不但它能和铝发生反应，而且能牢牢地钎焊上去。因此，只要焊料在金属板上扩展得越大，钎焊的效果也就越好。

当我们在空气中加热放于铜板上的一定量焊料时，焊料就会熔成圆球状，这时如果使用了焊剂（硬脂酸），那么就可以看到呈圆球状的焊料在铜板上扩展开来。仔细观察这种现象，我们会发现在铜板上焊剂、铜和空气三者互相接触的地方，生成了绿色的化合物向熔化的焊料扩散，与焊料接触后，就变成无色透明状，同时焊料在铜板上被润湿。

可以说在钎焊的过程中，润湿的促进和扩大是由于焊剂、焊料和焊件金属间发生反应所致。因此，如果除去了金属表面的氧化膜，使用能促进润湿的焊剂，那么不管是什么样的金属都是比较容易钎焊的。

金属铝从其本身来说任何时候都可以接受焊料，但是由于没有给它创造这种没有表面膜的状态，所以铝制品往往难以焊接。

钡餐是什么

钡在 19 世纪初就被人们发现了。它是一种银白色的相当柔软的金属。钡的化学性质很活泼，把它放在空气中，会很快被氧化变成氧化钡。如果你在氧化钡上倒一些水，就会听到氧化钡的"叫声"，身上还会冒出热气来，有时候它还会发红，这是怎么一回事呢？

原来，氧化钡跟水能激烈地发生化学反应，生成氢氧化钡，同时会放出大量的热，它身上冒出的热气是受热蒸发的水蒸气；如果产生的热量很多而且不能及时地散发，就使得固体热得发红。

在医院里，当医生准备给患胃肠病的病人拍摄 X 光照片时，常常要给病人吃一种叫"重晶石"的天然矿石做成的"食物"，医生们常把这种"食物"称作"钡餐"。可是，病人吃了这种"钡餐"后，既不能消化，也不能吸收。它到底有什么用呢？

原来，这种天然矿石的主要成分是硫酸钡，硫酸钡是金属钡最为重要的化合物。钡原子很重，它能强烈地挡住 X 射线。因此，当病人把它吃下肚后，能清晰地拍出胃和肠的 X 光照片，从而确定病人的病情。

但是也许会有人说，钡的化合物大多数是有毒的，那么，病人服用这种"钡餐"会不会中毒呢？当然不会了！因为硫酸钡既不溶于水，又不会溶解在胃酸中，因而人体无法吸收它，把它用作"钡餐"也就不会对人体造成什么损害。有时，当人们误食了其他的钡盐，发生中毒时，可以服用硫酸镁来解毒。因为硫酸镁能与钡离子生成不溶于水的硫酸钡，然后排出体外。

硫酸除了在医院里用作"钡餐"，还有许多用处，它是一种有名的白色颜料。无论在空气中放了多久，它的表面依然是白色的，因而人们在造纸时，就常常往里面加入一些硫酸钡，来使纸张变得更白。

记录地球变迁历史的钟表

在大自然中，有许多神奇的"钟表"记述着地球变迁的历史，碳钟就是其中的一员。

日本千户县凤川地方的泥层中，发掘出了一些保存得很好的古莲子。科学家们测定这些种子已有 3 000 岁了。这些种子经过培育，照样开花结了果实。

在 20 世纪 80 年代，考古人员在新疆的罗布泊发现了一具褐色的年轻女尸。她的头发微卷，眼睛闭着，就像沉睡的少女。据科学家们说，这具女尸已经距今 2 000 多年了。科学家是怎么知道女尸和古莲子的年龄呢？原来，自从上世纪发现放射性元素和它蜕变生成的同位素后，科学家们找到了一种大自然的"钟表"——放射性 C14，这种不会受外界温度、压力等影响的"时钟"，亿万年来始终准确和不停地走动着。用它可以准确地测定一些物质的年龄。

放射性 C14 是一种不稳定的同位素，它会不断放出射线并转化成正常的碳元素 C12，而大气中由于天外射线的影响，又会不断地产生新的 C14，使总量保持平衡。

地球上的所有生物，活着的时候总是不断地吸收大气中的二氧化碳，也吸收了混合在一起的 C14，只有当动植物死亡后，它们与外界停止了物质交换，C14 的供应也就停止了。从这时候起，生物体内的 C14 由于不断放出射线，含量逐渐减少。大约平均每过 5 568 年，C14 的含量会减少一半，这段时间叫做放射性同位素的"半衰期"。要知道女尸和古莲子的生长年代，只要测定一下它们中 C14 的含量，就可以推算出来了。

考古学家还用碳钟来确定古代文物的年代。例如，埃及古墓中出土的一个船形器皿，考古学家取下器皿上的一块木片，经碳钟测定，距今约有3 620年。我国考古学家使用碳钟确定西安半坡村为新石器时代遗址，距今约有6 000 多年的历史。

用途广泛的玻璃水

从石头里拧出水？你没听错。现在的科学家技术已经表明，人们能从石头里榨出"水"。

有一家独特的纺织公司，它的原料不是棉、羊毛，也不是蚕丝和化纤，但纺织出的布像绸缎一样光亮柔软，不怕虫咬，也不怕酸碱的腐蚀，即使放在火中也烧不起来……它是什么东西做成的呢？是石头，更为确切地说，是石灰石、纯碱与沙子。这些是制作玻璃的原料。这家纺织厂纺出的正是玻璃纤维，织的正是玻璃布。这家工厂是如何用石头织布的呢？让我们来看看它的生产线吧。

在原料场上，堆满了大量石灰石、沙子和纯碱。石灰石的主要化学成分是碳酸钙。沙子是比较纯的二氧化硅，而纯碱来自化工厂，叫碳酸钠，它在我国北方的盐湖中也有出产。

经过精选的这些原料各自用破碎机碾成细粉，洁白的细粉通过传送带汇集到一起，按一定的比例混合后送入一个几十米长的窑。窑的两旁有好几对炉子，向窑中喷出炽热的煤气火舌，窑中的温度高达摄氏 1 500 度，这样高的温度足以使钢铁都溶化。在烈焰的烧炼下，石头驯服了，软化了，变成了透明的、流动的玻璃水：

$$Na_2CO_3 + CaCO_3 + 6SiO_2 \stackrel{\Delta}{=\!=\!=} Na_2CaSi_6O_{14} + 2CO_2 \uparrow$$

这就是从石头中流出来的"水"——玻璃水。

玻璃水是一种组成不固定的硅酸盐的混合物。工厂里经常用下面的式子来表示其成分：$Na_2CaO \cdot 6SiO_2$。

玻璃水可以吹制玻璃瓶，拉伸平板玻璃，然后我们再到玻璃纤维的车间看一看。

玻璃纤维车间内非常的宁静。车间内并排放着白金坩埚，坩埚里放着溶化的玻璃水，在白金坩埚底上有上千个比针眼还小的孔。玻璃水透过孔流下就成为比蜘蛛丝还要细得多的玻璃丝，并缠绕在一个转鼓上，转鼓在马达的带动下，飞快地旋转，500 克玻璃拉成的丝有 1 000 千米长。几十根玻璃丝合在一起只有一根头发那么细，也可将玻璃水用高压蒸气吹出玻璃棉。玻璃棉柔软蓬松，十分惹人喜爱。

接着，玻璃丝就会被送到织布车间，那里跟普通的纺织厂差不多。

玻璃纤维的抗拉强度比普通钢丝要大 1 倍。玻璃布耐酸碱腐蚀，在化工厂里特别受欢迎，用玻璃布做的收尘袋比棉布耐用 20 多倍。原先过滤腐蚀液的过滤布是用毛料做的，现都已改用成玻璃布。

用玻璃布制成的防火布，可以忍耐上百度的高温，而它比石棉衣服更轻

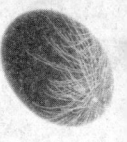
巧。由于玻璃布耐热、轻巧，连航天员的服装也是用涂有聚四氟乙烯的玻璃布制成的。

玻璃布在电机工业中有很重要的用途。展品柜中很多电线以及电机解剖模型表明，玻璃布是良好的电绝缘材料。玻璃棉是非常好的隔音、绝热材料。冰箱、冷藏车、锅炉都用得上它，甚至喷气式宇宙飞船都用它作为隔热材料。

玻璃的用途真是广泛啊！

让海水变成淡水的物质

水是生命之源，无论我们走到哪里，都离不开水。但是在海洋上旅行的船只却要带大量淡水，这是为什么呢？

原来，海水又咸又苦，既不能喝，又不能用。海水中含有多种物质，有氯化钠（NaCl），这使得海水很咸；有氯化镁，这使得海水发苦，这就是为什么人类面临浩瀚的海洋而大呼缺水的原因。在地球上的水中，海水占去了90%以上，而淡水只占百分之几。而这余下的百分之几的淡水中，约90%又以冰川的形式储存在严寒的南北两极以及山脉的冰川上，最后10%的水又是大量以地下水、沼泽水的形式存在。实际上，能够直接被人类利用的地表水只有地球上水总量的0.000 1%。但是随着工业的发展，这些淡水资源也受到了不同程度的污染，变得不能饮用了。

所以，现在科学家正在研究如何使海水变淡、污水变清。功夫不负有心人，人们找到了一种能使海水变淡、污水变清的物质。具有这种神奇的本领的物质，是一种外表像金黄色鱼卵般的塑料小球，它的名字叫"离子交换树脂"。这种塑料小球是用聚苯乙烯等塑料制成的。它的内部是空心的，有许许多多像丝瓜筋似的网络，水分子与离子可以在网络中穿来穿去，同时发生离子的交换。

离子交换树脂有两种基本类型：一种是阳离子型树脂，另一种是阴离子型树脂。海水又咸又苦的原因是含有许多离子，如钠离子（Na^+）、镁离子（Mg^{2+}）、钙离子（Ca^{2+}）等阳离子，以及氯离子（Cl^-）、硫酸根离子

（SO_4^{2-}）等阴离子。利用离子交换树脂使海水淡化时，先让海水通过堆积着阳离子交换树脂的管道，这时海水中的其他阳离子就与树脂上的氢离子（H^+）发生交换作用。海水中的其他阳离子被吸收到树脂上，而氢离子却进入水溶液中，接着再让水溶液通过阴离子交换树脂，使水溶液中的阴离子与树脂上的氢氧根离子（OH^-）发生交换。结果被交换下来的 H^- 与 OH^- 结合生成水：

$$H^+ + OH^- = H_2O$$

就这样，咸水通过这种塑料小球后就变淡了。

你不要认为自来水就很纯，在自来水中也有很多的杂质离子。如果将自来水直接注入锅炉中，当烧干时，你会看到锅底会留下厚厚的锅垢，使锅炉导热不良，浪费燃料，还有引起锅炉爆炸的可能性。因此锅炉用水，必须经过处理，尽量去掉其中的杂质离子。将自来水经过离子交换树脂处理，可以大大减少锅垢的生成，使每吨煤蒸发的水蒸气从 7.2 吨增加到 8.5 吨，提高燃料利用率18%。

而现在，需要纯水的部门很多。汽水厂一小时就需要几十吨清洁、无菌的水。电子工业更是需要大量几乎无杂质离子的高纯水来保持产品的质量。没有用离子交换树脂处理过的高纯水，就不可能有现代的电子工业。

离子交换树脂还可用来提炼稀土元素和原子工业的宝贵的核燃料——铀。就是在生产葡萄糖的工业中，也要用它来除去原料液中食盐所电离出来的钠离子和氯离子。医药工业的青霉素、新霉素、链霉素等抗菌素，大都是用特殊的菌种在原料液中发酵制成的。在生产过程中，抗菌素混杂在大量的液体中很难分离和提纯。自从采用了特殊的离子交换树脂以后，就能很容易地把抗菌素提取出来。目前大约有 70% ~80% 的抗菌素是用离子交换树脂提纯和分离的。原来，把又咸又苦的海水变成淡水的秘密就是这个塑料小球——离子交换树脂。

生命之基蛋白质

蛋白质是许多生命体的基本组成物质，它对生物体生命的形成起着决定

性的作用，而且对生命的正常运转也起着至关重要的作用。但是蛋白质的用途却远不止于此，它的另一秘密就是它还在人类的工农业生产和医药生产有着广泛而重要的用途。

动物的丝、毛（内含角质蛋白）是纺织工业的重要原料，而牛皮、猪皮、羊皮经鞣制后可成为柔软、富有弹性的皮革。羊毛、驼绒的衣服，脚上穿的锃亮柔软的皮鞋都是蛋白质的功劳。还有动物胶也是蛋白质，它是用动物的皮和骨熬制成的，广泛用作木材的胶粘剂。无色透明的动物胶叫做白明胶，它是制造电影胶片、照相底片的主要原材料。蛋白质在生物医学上的运用就更多了，由蛋白质制成的各种生物制剂如氨基酸、胎盘球蛋白、血清蛋白、水解蛋白和酶（如胰蛋白酶、胃蛋白酶）等都是重要的医药原料。蛋白质还可制取蛋白粘胶纤维。

猪毛是一种重要的加工原料，它是一种角质蛋白质，不溶于水，但能被酸、碱等分解，生成胱氨酸和其他多种氨基酸。

现在人们已经开始重视对猪毛、人发的收集，用它来制取胱氨酸等产品。制得的胱氨酸有促进机体细胞氧化和还原的功能，以及增加白血球和阻止病原菌发育等作用。它在医疗制药中被广泛用于治疗各种脱发症，也用于痢疾、伤寒、流感等急性传染病，以及气喘、神经痛、湿疹和各种中毒疾患等。

蛋白质生物制剂是今天医学上有着重要用途的药剂。现在有大量的口服水解蛋白就是属于这一类。口服水解蛋白含有人体所必需的各种氨基酸，它能在肠道中被直接吸收，帮助缺乏蛋白质所引起的肌体消耗和机能不全的患者迅速有效地得到氨基酸补充，在临床医学中被广泛用于治疗营养不良、重病后体亏、妊娠及产后虚弱等。水解蛋白主要以动物的血纤维（也可用鸡毛、鸭毛等）为原料来制取。

另外一类重要的蛋白生物制剂是蛋白酶，如胰蛋白酶。酶是一种高效的生物催化剂，不同的酶具有不同的作用，如蛋白酶只能催化蛋白质的分解反应，不能催化淀粉的分解反应。由于酶是蛋白质，因此易受温度和酸碱度的影响，人体中的大多数酶，在摄氏37度左右和近乎中性的环境下具有最大的作用。人类目前已发现的酶有1 000多种，胰蛋白酶就是其中的一种，它主要存在于高等动物的胰脏中，能消化蛋白质，在医药上用于制取消化药（它主要从牛、猪、羊的胰脏中提取)。

现在医学的发展已经从对蛋白质的开发中看到了辉煌的未来，基因和分子技术必将为人类带来一个前所未有的世界。

打开生命的钥匙——一氧化氮

一氧化氮在现代生物化学方面有广泛的用途，但是在很长的一段时间中，它并没有引起人们的关注。直到了 20 世纪 80 年代末，科学家发现，一氧化氮在各种生化过程中，起着关键的作用，具有神奇的生理调节功能。

一氧化氮为无色气体，分子量 30.01，熔点摄氏零下 163.6 度，沸点摄氏零下 151.5 度。溶于乙醇、二硫化碳，微溶于水和硫酸，水中溶解度 4.7%（摄氏 20 度）。性质不稳定，在空气中易氧化成二氧化氮。一氧化氮也能与卤素反应生成卤化亚硝酰（NOX）。一氧化氮结合血红蛋白的能力比一氧化碳还强，更容易造成人体缺氧。不过，人们也发现了它在生物学方面的独特作用。

现在的研究表明，一氧化氮具有免疫调节、神经传递、血压生理调控和抑制血小板凝聚等生理功能。在人体许多组织中，尽管其真正的释放量目前尚难于检测，但已确知会释放出不同浓度的一氧比氮，且浓度的变化与机体的生理机能紧密相关。许多疾病，包括基因突变（癌变、动脉硬化等）和生物机体中毒等，可能是一氧化氮的释放或调节的不正常引起的。进一步的研究还发明，一些药物可以通过新陈代谢来调节一氧化氮的生理机能，使其变成有益的分子，清除机体内有害的代谢物，鉴于一氧化氮的神奇生理调节作用，一旦其神秘的调节机理被科学家们所揭开，人们就可以开发与一氧化氮相关的药物，来治疗许多人类至今无法攻克的顽症，例如高血压、偏头痛、动脉硬化，甚至癌症。可见，与一氧化氮相关的药物，其潜在的价值是巨大的。现在许多国际上有名的药物生产厂家，竞相在这一研究领域，投入大量的人力物力，以期在激烈的竞争中，占据有利的位置。

在生命体系中，细胞释放的一氧化氮量是很少的。如何现场定性和定量检测一氧化氮，向化学家们提出了艰巨而有开拓性的任务，一些科学家首先

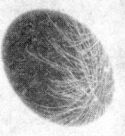

报道了把一氧化氮和牛血清白蛋白共价结合，然后用色谱柱分离，间接测量了一氧化氮的浓度。另外，化学荧光法、质谱、紫外-可见分光法等测量一氧化氮的报道也相继出现，然而，最引人注目的是采用电化学方法测量一氧化氮的报道，特别是卟啉修饰和1，2-苯二胺修饰碳纤维微电极，就是该方法成功的两个例子。电化学方法测量一氧化氮具有许多优点，首先，使用的碳纤维电极直径小至2～6微米，可以对单细胞进行测量；其次，该方法有极高的灵敏度和强抗干扰能力，其检测下限可达到纳摩尔，足于检测单细胞释放的一氧化氮；再次，该方法响应时间低于10毫秒，可以对细胞释放的一氧化氮进入连续、现场的追踪，且在测量中不会破坏细胞，这种方法已广泛地应用于组织和细胞中一氧化氮的研究，有力地推动了这一领域的研究进展。

尽管某些一氧化氮的特殊功能已被证实。但是，科学家们对其神秘的生物化学特性却仍知之甚少，目前的研究已证明，一氧化氮有3种状态存在于生物体系中，包括阳离子形式（NO^+）、自由基形式（NO.）和阴离子形式（NO^-）。对生物体系中3种形式的不同性质和反应活性的深入研究，可以帮助人们理解其神奇的生理功能。一氧化氮容易和过渡金属离子，包括一些金属蛋白结合形成化合物。它与血红蛋白的相互作用，已得到广泛的研究。L-精氨酸在一氧化氮合成酶的催化下释放一氧化氮，其化学和生理过程十分复杂，值得人们更深入研究。

一氧化氮还有许多未知的用途等着人们去发现。

令人吃惊的化学现象

LING REN CHIJING DE HUAXUE XIANXIANG

在大自然中，常常有一些让人莫名其妙的地方：比如一个美丽的湖泊，人走到那里就会莫名其妙地死去；一个隐蔽的山洞，人走进去安然无恙，可是狗走进去就会莫名其妙地死去；一个深深的湖水，即使不会游泳的人掉到里面也不会淹死。这是什么原因呢？

事实上，一切神秘现象的背后，都是一个简单的道理。而这些让人奇妙的现象也并非神秘，只要你掌握了足够的化学知识就可以不再迷惑了。

鬼谷是怎么回事

在北美洲西北部，有一片比较宽阔的山谷地。在 15 世纪以前，这里曾住过不少印第安人。但是居住在这里的居民却常常会突然生病，头发一下脱光，眼睛失明，然后就痛苦地死去，甚至一些动物也逃脱不了死亡的厄运，于是这里很快就变得甚是凄凉，也因此被人们称为"鬼谷"，为何他们会得这样奇怪的病呢？

第二次世界大战后，一些地质学家勇敢地闯入"鬼谷"。经过他们实地考察与实验，发现原来这里土壤中含有大量硒元素。硒经过植物、河水的"传

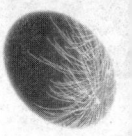

递"，进入人体，人体硒含量过高就会中毒死亡。

现代科学研究表明，硒是人体必需的微量元素之一。如果缺乏硒，也同样会引起疾病。过去我国黑龙江省克山县，有一种"克山病"为患，就是由缺硒引起的。这种病来势凶猛，病人开始呕吐黄水、继而心力衰竭，最后突然死亡。后来研究人员把一种叫做亚硒酸钠的化合物制成溶液喷洒在农作物上，人吃了这些植物以后适当补充了硒的含量，从而控制了"克山病"的发生。

现在，"鬼谷"已经被科学家变成一个硒的矿场。人们在这片山谷地上种了一种叫紫云英的植物。因为紫云英有一种"吃"硒的本领。时间长了，紫云英的体内就会积累很多硒元素。等紫云英成熟后割下晒干烧成灰，可以提取少量的硒元素。据说，把 1 公顷紫云英烧成灰后可提取纯净硒元素 2.5 千克。

克山病及分布

克山病是我国东北到西南一带的地方性心肌病，其临床表现、心电图、X线、超声心动图等表现与扩张型心肌病相类似。学龄前儿童多见，起病急，病死率极高。本病于 1935 年首先发现于黑龙江省克山县，故名克山病。

克山病在黑龙江、吉林、内蒙古、河北、陕西、甘肃、四川、云南等地的荒僻地区有流行。黑龙江省各重病区地理条件的共同特征是：气候，湿润多雨；地形，多低山丘陵；土壤，富含腐殖质，偏酸性；均为农耕区。中国的重病区多位于海拔 200 ~ 2 000 米之间，大体上沿兴安岭、长白山、太行山、六盘山到云贵高原的山地分布。此外，朝鲜、日本亦曾有报导。

气体为何能溶解在固体里

固体物质溶解在液体里，这是生活中常见的现象：如食盐融入水里。气体溶解在液体中也十分的稀松平常：汽水，就是二氧化碳气体溶解在水里制成的；氨水，就是气体氨溶解在水里制成的。但是气体可以溶解在固体里吗？当然可以！有许多种气体真的可以溶解在固体里。

氢就可以溶解在金属钯中。钯是一种化学元素，它的化学符号是 Pd，它的原子序数是 46。钯的拉丁名称 Palladium 是以小行星智神星来命名的，另一种以小行星来命名的元素是铈。铈是一种过渡金属，性质像铂，可在铜矿及镍矿中提取，它主要用作工业上的催化剂及白金首饰。钯的化学性质很稳定，在空气中不会被氧化，但是它是抓气体的能手。据试验，在常温下，钯片能吸收比它的体积大 700 倍的氢气！它的外表随着也改变了：体积显著膨胀，变脆，并且布满了裂纹。如果把钯捣成细粉，随着它的表面面积的增大，溶解气体的本领也不断增大。据测定，钯粉在常温下，可吸收比自己体积大 850 倍的氢气。

氢气为什么可以溶解在钯中呢？据人们用 X 射线进行研究发现，当氢气溶解到钯中以后，钯的晶格就胀大了；当钯中的氢气浓度大到某一程度，钯的晶格会转变成另一种更疏松的形式。

钯不仅能吸收氢气，而且能吸收氧气、氮气、乙烯等许多气体。除了钯以外，铂也是吸收气体的能手，据测定，粉末状的铂在常温下，溶解氢气的本领虽然比钯差一些，但是溶解氧气的本领比钯好。

钯与铂的这一奇妙的性质，在化学工业上可作为催化剂。例如，在钯的催化下，可以使液态的油脂加氢变成固态；可使不饱和的烯、炔类化合物，加氢后变成饱和的烷类化合物；可使不饱和的醛、酮、酸变成相应的饱和有机化合物。铂，也可作催化剂。譬如，氢气与氧气混合在一起，在平常温度下，本来就是相处几万年也不会化合。可是，只要倒进一点铂粉到这种氢、氧混合气体中，立刻会发生爆炸——氢气与氧气猛烈地化合成了水，可是，铂依旧是铂，没有一点变化。

虽然科学界目前还没有将钯与铂的催化原理完全弄清楚，但人们认为这与它们能大量溶解气体的性质有关：因为在溶解了大量的气体之后，等于把气体浓缩到色钯（或铂）中，增加了气体分子相互碰撞，进行化学反应的机会。而当一些气体分子发生了化学反应，放出部分热量，使温度升高，这又

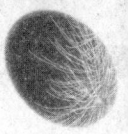

反过来大大促进了其他气体分子进行化学反应。

火为何能从水下喷出

我们都知道，水是用来灭火的，水下怎么能喷出火来？其实，早在1902年3月28日，美国化学家爱默逊为了让自己的学生了解黑火药的特性，就做了一个小实验，使火从水下喷出。他取硝酸钾5份、硫黄粉2份、木炭粉1份，分别研细，然后混合备用，取一个纸筒，高约6厘米、直径为3厘米，一端封口，然后用熔融松香在整个纸筒表面涂上一层，这样他向纸筒内装入占筒高1/4左右的细沙，再用火药装满，并在火药中插一根引火线，最后把火药压紧。引火线是用棉绳浸透浓硝酸钾溶液，晒干而成。他把装好火药的纸筒直立在玻璃杯里，非常小心地沿玻璃杯的边缘向玻璃杯内注入水，直到水的高度接近纸筒的高度为止。这时他用火柴点燃引火线，学生们马上就看到火焰从纸筒里喷出来，随着火药的燃烧，纸筒也烧掉了。但燃烧仍在水下进行，火药不燃烧完就不停止，燃烧时火从水中冲出一条通道喷向空中。学生们看了无不感到惊奇。

实验完毕后，爱默逊解释说：来自中国的黑火药是由硝酸钾、硫黄、木炭组成的，硫黄、木炭都是可燃物质，硝酸钾在加热时会发生分解反应，放出氧。另外，火药一旦燃烧会放出大量的热，体系的温度很高，可以达到硫、木炭的着火点，有可燃物质、温度足够了、又有氧气存在，故反应可在水下进行。在反应过程中产生大量的气体，这些气体的温度高，压力大，足以把水冲开，因此水也无法使可燃物质降温，直到反应进行完为止。实际上，水下爆炸的事例也不少见，如疏通航道时，就是利用炸药在水中将险滩暗礁炸掉，军事上用深水炸弹击毁敌人的潜艇。在化工生产中，有一种加热方法叫做浸没燃烧，它用煤气或油作燃料，在有耐火材料作衬里的燃烧筒中燃烧。燃料和空气分别从燃烧筒的上口进入，混合后向下燃烧，燃烧后的热气体从筒口喷出直接与液体接触，从而使液体被加热，这种加热方法简便，效率高。

指纹是如何显现的

在某些电视剧情节中，我们时常看到，公安人员利用指纹破案。其实，我们也可以得到自己的指纹。

首先在一张白纸上用手按一下，然后把纸上手指按过的地方对准装有少量碘的试管口，并用酒精灯加热试管底部。等到试管中升华的紫色碘蒸汽与纸接触之后，按在纸上的平常看不到的指纹就渐渐显露出来，得到一个十分明显的棕色指纹。如果把这张白纸收藏起来，数月之后再做上述实验，仍能将隐藏在纸上的指纹显示出来。

这是因为，每个人的指纹并不完全相同，而手指上总含有油脂、矿物油和汗水等。当用手指往纸上按的时候，指纹上的油脂、矿物油和汗水就会留在纸上，只不过人的眼睛看不出来罢了。而纯净的碘是一种紫黑色的晶体，并有金属光泽。有趣的是，绝大多数物质加热时，一般都有固态、液态和气态的三态变化。而碘却一反常态，在加热时能够不经液态直接变成气体。像这类固态物质直接气化的现象，人们称之为升华。同时碘还有易溶于有机溶剂，当碘蒸汽上升遇到这些有机溶剂时，就会溶解其中，因此指纹也就显示出来了。

口吞烈火是怎么回事

在一些魔术中，也许你曾经看到过"口吞烈火"的魔术表演，你一定会惊讶不已。火对人很有危害，难道魔术师不怕被烈火烧伤？其实，如果你知道其中的奥秘，你也可以像魔术师一样"吞火"。

首先准备若干新鲜草莓，取出其中数枚，洗净放入烧杯中。再向烧杯中倒入高浓度的白酒，让草莓在白酒浸泡半个小时，然后用筷子夹起一枚草莓放在酒精灯上点燃，草莓立刻就烧成了一个火球。将点燃的草莓迅速送入口

中，千万别怕火灼伤你的嘴巴，屏住呼吸，一会儿你就可以品尝这"火"草莓味道如何。怎么样，别有风味吧？

原来，含有较多水分的新鲜草莓浸泡在白酒中，由于白酒中溶剂水的渗透，会使草莓中水分增多。草莓点燃后，附着在草莓外壁的酒精开始燃烧，而草莓本身则受热蒸发水分。由于水的蒸发会吸去酒精燃烧时释放的大量热量，所以草莓自身的温度升高得并不多。此外，"烈火"的内焰由于供氧不足，酒精燃烧不充分，放出的热量并不是太多，因此燃着的草莓温度并不高。而火焰外焰温度虽高，由于你迅速闭上嘴，停止吸气几秒钟，火焰会因与空气隔绝，没有氧气而熄灭。这样"口吞烈火"必然是安然无恙的了。

马王堆女尸千年不腐之谜

1972 年，我国长沙的考古发现震惊了世界：考古学家从马王堆一号汉墓里发掘出一具 2 000 多年前的女尸，居然没有腐烂。

当时的新华社记者这样形容这具女尸："这座古墓埋葬女尸一具，外形基本完整，尸体包裹各式丝绸衣着约二十层，半身浸泡在略呈红色的水里。经研究，尸体皮下结缔组织略有弹性，纤维清楚，股动脉颜色与新鲜尸体的动脉相似，出土后注射防腐剂时，软组织随之鼓起，以后逐渐扩散。估计死亡年龄在 50 岁左右。"

为什么这具女尸经过 2 000 多年，会如此完整地保存下来呢？这引起了国内外考古工作者的极大兴趣。

在 2 000 多年的漫长时间里，这具女尸是怎样埋葬的，当时没有留下确切的文字记载。考古学家只能从各个方面进行调查研究，推测马王堆女尸千年不腐有以下几点原因：

一、密封和深埋是极重要的条件。马王堆一号汉墓女尸葬时用 6 层棺椁，内 3 层棺，外 3 层叫做椁，一个套着一个。棺椁都是用整料，最大的椁板重达 1 500 千克，加工平整，镶嵌虽然不用钉子，但是开棺要动用机械，还很不容易打开，足见其密封程度之好。每层棺椁的里外都有油漆，椁的外面有白膏泥封固。再外层是封土层，从封土顶到墓底深度达 26 米。密封和深埋，有利于保持环境条件相对恒定，也不易被盗。

二、尸体可能经过七窍灌酒、衣物喷酒之类处理，这既有利于防虫蛀，也有一定杀菌作用。

三、死者生前似曾服用朱砂（即硫化汞，又称辰砂），衣服染料和内棺油漆也含有朱砂一类物质，有抑制某些分解酶的作用。

四、葬在棺中的物品有高良姜、茅香、辛夷等药材，这些也是香料，其中有的香料也是很强的杀菌剂。

五、从古代风俗习惯看，埋葬时尸体和石灰、木炭等干燥吸水物质放在一道，可能在埋葬初期，尸体经过干燥的阶段，这对尸体保存起了预处理作用。后来在发掘时，发现约有 80～100 升的棺液，这可能是外界环境的水长期以分子状态不断渗入的结果。

以上只是可能有助于尸体保存的主要原因，实际的各种物理和化学上的原因也许还要复杂些。

蜡烛燃烧后完全消失了吗

蜡烛燃烧后是完全消失了吗？你想过这个问题吗？假如不知道，就来先做个实验吧。

先预备一个干燥的玻璃杯和一个蜡烛头，另外再预备一杯石灰水。

石灰水的做法是这样的：把一块生石灰，用水化成石灰水，拿一张滤纸（或卫生纸）把它过滤一下；或者是让石灰水溶液澄清以后，倒出上层的清液就行了。

将蜡烛点燃，拿玻璃杯罩在火苗上面，立刻，杯里起雾了，你会看到杯壁上蒙了一层小水滴。这些水是打哪儿来的呢？自然是蜡烛燃烧后产生的。

现在你把玻璃杯擦干净，把石灰水倒进杯里去，再把它倒掉，这时杯壁上就会附着一层石灰水了。将这个玻璃杯再放到火苗上，一会儿杯壁上的石灰水就混浊了。石灰水为什么变混浊呢？因为杯子里有二氧化碳。石灰水碰

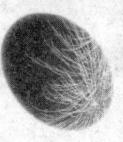

到二氧化碳就会发生化学反应，生成碳酸钙。

蜡烛燃烧以后，生成另外两种物质——水和二氧化碳。

科学家仔细地研究了蜡烛的燃烧过程。他们发现，蜡烛烧完以后所生成的水和二氧化碳的质量，等于蜡烛和蜡烛燃烧时所消耗掉的空气中的氧气的总质量。这就是说，构成蜡烛的物质并没有消灭，只是变成别的物质罢了。

不光蜡烛是这样的，木柴、煤炭的燃烧也是这样的。当它们在炉子里燃烧的时候，它们就在不断地发生化学变化，变成了二氧化碳、水和灰烬。水化成水蒸气散了，二氧化碳是透明的，不能被我们看见，能看到的就只有灰烬。

蜡烛

世界上的一切物质都是这样的，当物质发生化学变化的时候，原来的物质不见了，但它们会生成另外某种或某几种物质。但是它们不会变多也不会变少，它们在变化前后的总质量是相等的，这就是大自然的一条基本规律：物质守恒定律。

恐怖的杀人湖

人往往落入湖水中才有可能被水淹死，然而在非洲的喀麦隆，竟有两个能把人杀死的湖泊，而人既没有靠近这两个湖，也没有在上面划船，便招致了死亡。这两个杀人湖就是尼奥斯湖和莫努恩湖。

据统计，两个怪湖已经杀死了 1 800 多人。

1984 年 8 月 15 日，位于喀麦隆西部的莫努恩湖突然喷发毒气，附近的 37 名居民因此丧生。两年后的 1986 年 8 月 21 日夜晚，位于该国西北部的尼奥斯湖发生类似的奇怪现象：伴随着闷雷般的响声，湖底沉积的超量二氧化碳突然冲出湖面，掀起近100米的巨大水浪，强烈的毒气迅速向四周扩散，吞噬了周围的一切。

第二天，来此调查的警察惊愕地发现死去的人们表情痛苦，眼神惊愕，手向胸部抓挠，像是努力挣扎过，而且口鼻中有大量已经凝结的血块。这场灾难夺取了湖周围村民的生命。而平日澄碧如镜的尼奥斯湖则一片红褐色，像被鲜血染过一样，湖面上飘浮着一缕缕的雾气，随风向岸边飘送，气味令人作呕。湖边的青草、树叶都发黄、枯萎。是什么使二氧化碳爆发出这么强大的力量，激起百米高的水浪？又是什么造成了毒气涌出呢？

灾难发生后，科学家们经过几次深入的调查后认为：这两个湖为火山湖，地层深处的二氧化碳缓慢向湖底渗进，并逐渐溶解于湖水中，密度不断增大；湖表层的冷水就像一个大盖子一样平静地盖在上面，使二氧化碳及其他有害气体难以散发。但如果在足够强烈的外力搅动下如地震、火山爆发等，就会破坏这种"平衡"，使二氧化碳冲出水面，和其他毒气一起，形成大量雾气涌向岸边，也就变成了让人畜瞬间窒息的隐形杀手。虽然二氧化碳本身并没有毒，但空气中含有超过0.2%便会对人体有害，超过1%以上即会使人畜窒息而亡。因而二氧化碳大量释放下沉，灾难也就不可避免了。

湖水中的这种化学平衡现象并非绝无仅有，科学家还发现俄罗斯基里岛上的麦奇里湖的水竟以5层分布，而且底层被更令人担忧的硫氢化物所渗透。那么存在其中的化学平衡是否也会被打破？硫氢化物是否会转化为毒性甚大的硫化氢并进而兴风作浪？更重要的是如何防患于未然，阻止惨案的再度重演？这些重大课题亟待科学家的解决。

屠狗洞之谜

在意大利有一个奇怪的山洞，当人走进这个山洞安然无恙，但是狗走进去就会莫名其妙的死掉。因此，当地居民称它为"屠狗洞"，有些人说是因为洞里有一种叫做"屠狗"的妖怪作祟。这当然是迷信的说法，那么屠狗洞里

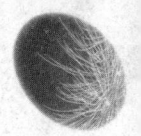

到底隐藏着什么秘密呢？

为了解开其中的秘密，一位名叫波尔曼的科学家来到这个山洞里进行实地考察。他在山洞里四处寻找，发现岩洞倒悬着许多的钟乳石，地上丛生着石笋，并且有很多从潮湿的地上冒出来。波尔曼透过这些现象经过科学的推理终于揭开了其中的奥秘。

原来，这个由大量钟乳石和石笋构成的岩洞是石灰岩岩洞。这里，长年累月地进行着一系列的化学反应：石灰岩的主要成分是碳酸钙，它在地下深处受热分解而产生二氧化碳气体：

$$CaCO_3 \xlongequal{高温} CaO + CO_2 \uparrow$$

反应生成的二氧化碳又和地下水、石灰岩的碳酸钙反应，生成可溶性的碳酸氢钙：

$$CaCO_3 + CO_2 + H_2O \xlongequal{\quad\quad} Ca(HCO_3)_2$$

当含有碳酸氢钙的地下水渗出地层时，由于压力降低，碳酸氢钙分解又释放出二氧化碳，并从水中逸出：

$$Ca(HCO_3)_2 \xlongequal{\quad\quad} CaCO_3 \downarrow + CO_2 \uparrow + H_2O$$

因为二氧化碳比空气重，于是就聚集在地面附近，形成一定高度的二氧化碳层。当人进入洞里，二氧化碳层只能淹没到膝盖，有少量的二氧化碳扩散，人只有轻微的不适感觉，然而处在低处的狗，却完全淹没在二氧化碳层中，因缺乏氧气而窒息死亡，这就是屠狗洞屠狗而不伤人的道理。

水妖湖真有妖怪吗

人们在俄罗斯卡顿山区曾经发现过一个神奇的湖泊。那湖水清澈见底，四周风景秀丽，湖面还会不断冒出微蓝色的蒸气，让人如临仙境一般。可是当地的居民却发现只要在湖边活动的人们都会莫名其妙的死去，于是就说，湖中有妖怪专门杀害游人。这到底是怎么回事呢？

许多年后，卡顿山区来了一位画家，听人说起水妖湖的故事，产生了很大的好奇心。他想，冒险一游，也许可以创作出一幅好作品来！

　　几天后，他很早就出发了，到了目的地，登上高处远望，果然一派湖光秀丽。画家十分地兴奋，立即拿出画板进行创作。画家全神贯注地一连画了几个小时，初稿刚画好，他突然感到一阵恶心，而且头晕、呼吸急促，立即意识到可能要发生意外。于是他匆匆拿好画稿，飞似地离开了那里。回家后，他生了一场大病，差一点丢掉了性命。以后他常常会回忆起那段可怕的经历，可始终不明白那要置人于死地的湖的奥秘。

　　有一天，一位地质学家来到了他家，画家告诉了地质学家当初去水妖湖的可怕经历，还拿出自己的画作请地质学家欣赏。地质学家看到画面上有一个小湖，周围山上尽是红色的岩石，湖面在阳光下升起微蓝色的蒸气。地质学家便问这是写生画还是素描画。画家说完全是根据当时情景画出来的。地质学家若在所思，但一时也无法揭开这个谜。

　　后来，这位地质学家在用显微镜观察硫化汞矿石时，突然联想到画家的那幅画，他猜想那画中的红石头会不会是硫化汞矿石？银白色的湖水会不会就是硫化汞分解出来的金属汞（水银）呢？蓝色的微光会不会就是汞蒸气的光芒？

　　为了证实自己的想法，地质学家便带着他的助手和防毒面具对"水妖湖"进行了实地勘查。经过采样分析，他终于揭开了"水妖湖"的奥秘。

　　原来，在卡顿深山里有一个巨大的硫化汞矿，天长日久，硫化汞已分解成几千吨的金属汞并汇集成所谓的"水妖湖"，游人在湖上莫名其妙地死去，并非是水妖在作怪，而是被水银湖上散发的高浓度的水银蒸气所毒死的。

知识点

汞是金属吗

　　汞是一种有毒的银白色重金属，是在正常大气压力的常温下唯一以液态存在的金属。游离存在于自然界并存在于辰砂、甘汞及其他几种矿中。内聚力很强，在空气中稳定。蒸气有剧毒。溶于硝酸和热浓硫酸，但与稀硫酸、盐酸、碱都不起作用。能溶解许多金属。具有强烈的亲硫性和亲铜性，即在

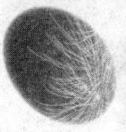

常态下，很容易与硫和铜的单质化合并生成稳定化合物，因此在实验室通常会用硫单质去处理撒漏的水银。

让人发疯的村庄

　　几十年前，在日本的一个村庄发生了一起集体"发疯"的可怕事件，有16个村民突然一起"发疯"了。这些"疯子"时而哭啼，时而大笑；发作时两手乱摇，颤抖不已，而下肢僵硬发直，如此反复下去，直到"疯死"。经多方研究调查，人们发现这些人喝的是同一口水井中的水，考察水井，又在旁边挖出了大量废旧、破烂的干电池。原来这是水井的水受干电池中某些有害成分污染而造成的。据环境科学研究表明，废旧干电池中的锌、二氧化锰等成分长期埋在地下，会与土壤中的化学物质发生作用，生成锌锰酸式盐。它渗入地下，极易污染饮用水，而这一群村民正是长期饮用这种水，造成蓄积性中毒，才造成了"发疯"的症状。

　　干电池在制造过程中还使用一定量的汞，其中含汞最多的锌汞电池约占电池重量的20%～30%，碱性干电池约为13%，普通锌锰电池含汞较少。汞对人体是一种有害蓄积性中毒物质，极易污染环境，特别是对水质，造成种种危害。

　　据统计，我国每年生产干电池50亿只，其中锌汞电池和碱性电池1亿只，每年电池用汞100吨。由于人们将使用完的电池随意丢弃，时间一长，它们就会污染环境，造成不幸的事件。因此，不用的废旧电池不能随意乱丢，最好收集起来。

死海不死之谜

　　死海是以色列和约旦之间的内陆盐湖，是地球最低的水域，水面平均低于海平面约400米。死海长80千米，宽处为18千米，表面积约1 020平方千米，平均深 300 米，最深处 415 米。湖东的利桑半岛将该湖划分为 2 个大小深浅不同的湖盆，北面的面积占 3/4，深 415 米，南面平均深度不到 3 米。无出口，进水主要靠约旦河，进水量大致与蒸发量相等，为世界上盐度最高的天然水体之一。

死海

传说，罗马帝国的远征军来到了死海附近，击溃了这里的土著人，并抓获了一群俘虏，统帅命令士兵把俘虏们投进死海。奇怪的是，这些俘虏竟然没有沉下去，而是个个都浮在水面之上，统帅以为是神灵在保佑他们，就把俘虏释放了。

不管这个传说是否真实，死海确实淹不死人，即使不会游泳的人，也会漂浮在水面上，甚至还能读书看报呢！死海为什么有这个奇异之处呢？关键在于死海的水里含有大量的食盐。据测定，死海的含盐量高达 25%，是一般海水中食盐含量（约为 3.5%）的 7 倍！这样高的食盐含量是不利于生物生长的，所以这个内陆湖成了死海；这样高的含盐量，使湖水的比重很大，超过了人体的比重，因此，人在湖水里不会下沉，不会游泳也能漂浮在水面上。

这就是死海淹不死人的秘密。

 知识点

死海将会死亡

死海在日趋干涸。在漫长的岁月中，死海不断地蒸发浓缩，湖水越来越少，盐度也就越来越高。在中东地区，夏季气温高达50℃以上。唯一向它供水的约旦河水被用于灌溉，所以死海面临着水源枯竭的危险。不久的将来，死海将不复存在。

1947年，死海长达80千米，宽16千米~18千米，到目前为止，长不过55千米，宽14千米~16千米。死海面积已从1947年的1 031平方千米下降到了683平方千米，这就是说，在50年期间，死海面积减少了近30%，因此，预计死海最终将在100年内逐渐干涸。

斩妖术的秘密

即使在今天科学发达的社会，在某些地方封建迷信活动依然猖獗。许多的人认为巫婆、神汉具有通天知地的本事，对神鬼之说深信不疑。以至于有的被骗钱，有的甚至被骗去了生命。所以，亲爱的小读者们一定要树立科学的思想，不要被封建迷信思想所左右。而那些骗钱的巫婆、神汉的"神功"不过是他们掌握了某些化学技巧，例如他们常玩弄的一种所谓的斩妖术，就曾经迷惑了不少人。

他们常常在有人生病的时候，对病人及病人家属说是妖怪作祟，往往使许多迷信的人深信不疑。为了"驱鬼"，这些人就请巫婆神汉来家里降魔伏鬼，大力施法。他们就带着道具，穿上法衣，摆起"神桌"，只见他们用稻草扎了一个草人，并在草人身上裱上黄表纸，随后口中念念有词，装出神仙附体的模样，最后拿起放在"神桌"上的"宝剑"，在"仙水"里蘸一下，向

草人刺去……随着"嗞"的一声，在"宝剑"刺入和部位，立即显现出鲜红的血痕……于是恶鬼被杀死。

群众一看到有殷红的血迹，都深信不疑。但是"宝剑"刺入的地方为什么有红色出现呢？难道真有鬼被刺死了吗？原来，这剑上所蘸的水，不是普通的水，而是一种碱 Na_2CO_3 的溶液；草人身上所裱的纸，也不是普通的纸，而是一种用姜黄根提取的天然染料染过的纸。当酸溶液碰到姜黄时，黄色立即变成了红褐色，很像斑斑的血迹。这就是巫婆、神汉在供桌上的秘密。

像姜黄这类物质，能以本身颜色的变化来指示溶液的某些性质的，在化学上叫做指示剂。指示剂种类很多，姜黄是一种酸碱指示剂。除姜黄外，酚酞、石蕊、甲基橙、甲基红等也都是酸碱指示剂。酸碱指示剂一般是弱的有机酸或弱的有机碱，也有的具两种性质。当溶液的酸碱性发生变化时，指示剂的结构相应地发生变化，这就引起了颜色的变化。

例如，在实验室中常用石蕊做指示剂，它是从多种地衣植物中提取出来的蓝色色素。石蕊中含有石蕊精（$C_7H_7O_4N$），它是一种弱的有机酸，在水溶液中发生电离，产生蓝色的酸根离子：

$$HL \Leftrightarrow H^+ + L^-$$

（石蕊精）　酸根离子

（红色）　　（蓝色）

在中性溶液中，红色的石蕊精分子和蓝色的酸根离子同时存在，所以溶液呈紫色；在酸性溶液中，大量的氢离子和酸根离子结合，形成红色石蕊精分子，溶液呈现红色；在碱性溶液里，酸根离子多于石蕊精分子，溶液呈现蓝色。

酚酞是实验室里常用的另一种指示剂，它也是一种有机酸。它在碱性溶液中为红色、在酸性溶液中无色。

在工农业生产和研究中，人们经常需要了解和控制溶液的酸碱性程度，就要用到各种指示剂。为了使用方便，人们常把纸条在指示剂溶液中浸泡后晾干备用，这种纸条叫试纸。

我们也可以自己动手制作指示剂：取四块红皮白心的萝卜，洗干净后，

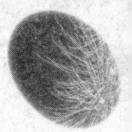

将红皮削下来，放入容量为 250 毫升的烧杯中，加入蒸馏水（或近乎中性的清水，以淹没萝卜片为宜）煮 20 分钟。当萝卜皮由鲜红变为紫色时，再煮 5 分钟进行过滤。最后将滤液稍加浓缩，就成为萝卜皮酸碱指示剂了。

这种指示剂在酸性溶液中为红色，在碱性溶液中显绿色，在强碱性溶液中显黄色。它色彩鲜艳、变化敏锐，是一种相当灵敏的指示剂。

"蒙汗药" 究竟为何物

蒙汗药在中国的小说或者电视剧中经常看到。被蒙汗药麻醉的人，通常会昏睡过去，失去知觉，犹如死人一般，甚至丢掉性命都不知道。那么，这个蒙汗药到底是什么呢？原来 "蒙汗药" 就是具有麻醉作用的植物浸液。

我国江苏、浙江、四川、西藏等地的中医学者，为了将 "蒙汗药" 弄出个水落石出，进行了大量研究。他们查阅了大量的文献资料及古籍，发现我国在 2000 多年前，就已将 "蒙汗药" 应用于临床。《列子·汤问篇》中就记述了战国时代的名医扁鹊用 "迷酒" 剖胸探心进行手术，手术后又投以 "神药" 使病人清醒的故事。三国时代的华佗，在 "迷酒" 的基础上，又研制出 "麻沸汤"，应用于临床。

我国学者通过对 "迷酒"、"麻沸汤"、"蒙汗药" 等麻醉药进行的大量研究，最后终于证实原来它们的主要成分竟是曼陀罗花，又叫洋金花、风前花、酒醉花、大闹洋花。它为茄科野生草本植物，分白曼陀罗花和毛曼陀罗花二种，其花、根、果、叶均可供药用。这种植物我国许多地区都有分布，主产于江苏、浙江、广东、广西、湖北、福建、四川等地。现代科学研究发现，它的主要成分是强效的抗胆碱药，其中包括东莨菪碱、莨菪碱及少量的阿托品。因而具有较强的麻醉、止痛、镇静、平喘的作用。引起麻醉作用的主要成分是东莨菪碱。它一般剂量就能消除情绪激动，使人产生倦意，然后进入无梦的睡眠状态，若与冬眠药物合用，则能产生强大的协同作用，使人迅速进入麻醉状态。由于东莨菪碱的主要作用是使肌肉松弛，汗腺分泌受到抑制，所以古人将此药取名为 "蒙汗药" 是极为确切的。

新中国成立以来，采用以曼陀罗花为主的中药麻醉，获得成功。给药途径分口服、灌肠、肌肉注射、静脉点滴、穴位注射及耳根非穴位麻醉等。徐州医学院用曼陀罗花汤剂进行麻醉病人，其临床实验病人饮用后进行手术，效果也很好。据统计，我国曾用曼陀罗花进行麻醉，然后施行手术的成功病例，已超过 10 万人；曼陀罗花麻醉的美中不足是术后病人苏醒慢，还有就是麻醉的深度不够十分理想。这些都是需要深入研究的。

"鬼火" 之谜

在郊游时，一些人晚上在野外会看到忽然出现的蓝绿色的火焰，若隐若现，飘忽不定。这也是古代传说中的"鬼火"，所谓人死后会变成鬼，鬼害怕光，所以白天不敢出来，只在晚上出现。在荒野坟茔，有时晚上也会出现一团团绿幽幽或浅蓝色的火焰，跳跃不定。更奇怪的是，它会跟着人走，人停它也停，你跑它也跑。这真的是鬼火吗？当然不是了，那它是什么呢？

其实，这是由磷元素引起的。原来人类与动物身体中含有磷，这些磷既不是白磷，也不是红磷，而是以磷的化合物的形式存在的。当人、兽死后被埋在地里，尸体腐烂，磷化合物长期被烈日灼晒、雨露淋洗后逐渐渗入土中，发生分解形成磷化氢。磷化氢气体有好多种，其中有一种叫做"联磷"，它和白磷一样，在空气中会自燃。这种气体从地里泄漏出来，与空气中氧气接触，由于夏天的温度高，易达到磷化氢气体着火点而自燃，产生蓝绿色的微弱火焰，所谓"鬼火"就出现了。其实，不管白天还是黑夜，都有磷化氢冒出，只不过白天日光很强，看不见"鬼火"罢了。这就是为什么夏夜在墓地里常看到"鬼火"的原因。

那为什么"鬼火"还会追着人"走动"呢？这是因为在夜间，特别是没有风的时候，空气一般是静止不动的。由于磷火很轻，如果有风或人经过时带动空气流动，磷火也就会跟着空气一起飘动，甚至伴随人的步子，当人停下来时，没有任何力量带动空气，空气也自然不动，"鬼火"也就停了下来。因此，"鬼火"只是化学现象，根本不是什么鬼，所以，亲爱的小读者，在碰

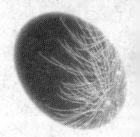

到很多奇怪却又解释不清的事情时，要学会用科学的目光看待。

石灰为何能煮鸡蛋

在建筑工地上，紧张的施工正在进行，水泥搅拌罐轰轰作响，石灰池边热气腾腾，仿佛有熊熊烈火在燃烧，有人甚至戏称说，不用火就可以在这上面煮鸡蛋呢。

为什么连火星都看不到，这里却热气沸腾呢？原来，这是由生石灰和水进行化学反应，变成熟石灰，同时大量放热的结果。生石灰是石灰石在石灰窑里烧出来的。生石灰的化学名字叫氧化钙，它平时就能吸收空气中的潮气，浸在水里更是反应剧烈，和水化合成氢氧化钙。这是一个放热反应。1千克氧化钙和水反应，产生的热量可以烧开将近两热水瓶的水呢。

石灰石的主要成分是碳酸钙。它在石灰窑里经过煅烧，分解放出二氧化碳，变成了白色的生石灰。明代爱国将领于谦写的千古名篇《石灰吟》，生动地描述了石灰的身世："千锤百击出深山，烈火焚烧若等闲。粉骨碎身全不惜，要留清白在人间。"

生石灰与水拌和后做成熟石灰膏，用来抹房间的天花板和墙壁。这些熟石灰不断吸收空气中的二氧化碳气，逐渐变硬，又变回碳酸钙（石灰石），同时还有水生成。因此在抹墙的时候，我们会看到刚抹好的墙面，慢慢地变得湿漉漉的，好像石灰墙浑身在冒汗一般。这"汗"来自熟石灰和二氧化碳的化学变化。在新抹好石灰墙壁的房间里，常常要点上一堆火。这因为空气中只有3/10 000（体积比）的二氧化碳，烧火可以增大房间里二氧化碳的含量，加快熟石灰硬结的速度。熟石灰在水里能溶解一些，得到澄清的石灰水。这种石灰水用来粉刷墙壁，可以使墙壁更白。石灰水有较强的碱性，还是很好的杀菌、消毒剂。因此，园林工人在树干上刷石灰水，在垃圾、粪坑周围以及传染病菌污染的地方也洒石灰水消毒。建筑工人将石灰和黏土以3：7的重量比例混合均匀，做成"三七灰土"，用它来打地基，修简易路面，也是利用石灰在空气中能慢慢吸收二氧化碳而硬结的特性，造成一个坚实的整体。不过，石灰石经不住溶解有二氧化碳的河水的冲刷。硬水里溶解有碳酸氢钙和碳酸氢镁等矿物质。这硬水里的碳酸氢钙便是石灰石和溶解在水里的二氧化碳发生化学变化的产物。碳酸氢钙又叫做酸式碳酸钙，在水里可溶解。海水、河水都含有溶解的二氧化碳，桥墩、水渠如果用石灰石垒砌，长年累月，就会被冲刷而损坏。这样的过程在自然界成千上万年地进行着。桂林山水、北京的云水洞……那神话仙境似的溶洞世界，是石灰岩层被地下富含二氧化碳的水长期冲溶出来的；那美丽的石钟乳、石笋和石柱，又是天然的硬水不断蒸发、沉淀，日积月累，由水垢"塑造"成功的。

石灰真是大自然的能工巧匠啊。

在海上燃烧的魔火

公元 673 年，阿拉伯舰队入侵到了君士坦丁堡，而希腊人只有很少的战舰，双方实力很是悬殊，在这样的险境中，一种奇怪的火挽救了希腊人。

一位喜欢研究炼金术的希腊建筑师无意中发现了一种能在水面上着火的燃烧剂。正是这种燃烧剂，把阿拉伯舰队周围的水面变成一片火海，烧得敌人毫无还手之力。侥幸逃脱的阿拉伯士兵说，希腊人叫来"闪电"烧了战舰，有的说希腊人掌握了"魔火"，连海都着火了。

从这以后，拜占庭的舰队凭借着"魔火"在海上称霸了几个世纪，被欧洲人称之为"希腊火"，多年以后，这种"希腊火"的秘密才被化学家揭开，原来它不过是由 2 种普通的物质——石灰和石油组成。你没有见过建筑工地上能煮熟鸡蛋的石灰池吗？使用这种燃烧剂时，生石灰遇水放出热量，足以将石油蒸气点着，燃烧剂就在水面上发火延烧开来。

当希腊人利用他们的"魔火"打败强敌的时候，我国早已在其 100 多年前就发明了有硝石、硫黄和木炭组成的燃烧剂，利用它来作焰火、黑火药和火箭。如今，黑火药早已经不用于现代战争上了。人们发现棉花细长柔软的纤维，也蕴藏着一种极其危险的性质。在化学实验室中，用浓硝酸和浓硫酸的混合溶液处理棉花后，只要用热玻璃棒一接触，棉花立刻就剧烈地燃烧起

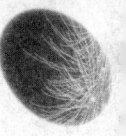

来，我们所知道的无烟烟火就是用它制成的。工业上把含氮量高的硝酸纤维叫做火棉，用压紧的火棉填充的炮弹，爆炸时生成的气体体积会增大12 000 倍。

比冰还冷的干冰

一个钻井队在美国南部的德克萨斯州钻井曾遇到过这样一件怪事：当他们用钻探机往地下打孔勘探油矿时，一股强大的气流忽然从管口喷出，挂在管口形成一大堆雪花似的"冰"。好奇的勘探队员用这些"冰"滚起雪球来玩，想不到意外发生了，许多队员的手被冻伤，没有多久他们的皮肤开始发黑、溃烂，这究竟是怎么一回事呢？

原来，那雪花似的"冰"不是由水而是由二氧化碳凝结而成的。这种固体二氧化碳在常温下融化时，能直接气化为二氧化碳气体，所以很快就销声匿迹，而周围仍旧干干的，不像冰融化后会留下水迹，因而被称为"干冰"。论外貌，干冰和普通的冰确实很相像，只是干冰的温度要比普通冰更低（摄氏零下 78.5 度）。在这样低的温度下，钻探队员的手自然会被冻坏。

干冰的用途很多。可以用作强制冷剂；用干冰冷藏鱼、肉之类食品时，运输途中不会弄得到处湿漉漉的；食物在地窖中用干冰冷藏，可以存放更长时间，更奇妙的是，在许多影片和电视剧中那些云雾缭绕的景象也是干冰的功劳呢！因为干冰在空气中气化形成大量二氧化碳气体，呈现在观众面前的就是一片"白茫茫"的景象。此外，干冰还被用于人工降雨。

千奇百怪化学湖

世界上有许多湖，有咸水湖，淡水湖，形形色色。其中有些湖泊储藏着丰富特殊的化学物质，形成了各种化学湖。

在俄罗斯的卡顿山区有一个湖泊，人离它四五百米时，便会感到恶心、头晕、呼吸困难，如不及时离开就会窒息而死。原来湖里贮藏着大量的水银，散发出大量的汞蒸气，如人和动物接触久了，就会中毒死亡，因此被人们称为"水银湖"。

在意大利西西里岛有一个湖，湖底有两口泉眼喷出了强酸，因而整个湖的湖水变成了腐蚀性极强的"酸水"，酸的浓度很大。湖水可以杀死一切生命，有人叫它死湖。

在俄罗斯的乌拉尔有一个湖，湖水含有咸味。原来这里的水含有碱和氯化钠。若要洗衣服，只要将衣服浸在水里揉搓，不必用洗涤剂便能洗得很干净。因此这个湖被人们称为"咸湖"。

在智利的亚特斯柯教湖，湖面似一片白茫茫的浮冰覆盖在湖上，湖水内含有大量的很有用的硼砂〔$Na_2B_4O_7 \cdot 10H_2O$〕。因此，人们称它为硼砂湖。

在拉丁美洲西印度群岛的巴哈马岛上有个"火湖"，湖水闪闪发光，就像燃烧时冒出的"火焰"一样。这个湖的水里含有大量的荧光素，如果信手拨动湖水，便会"火花"四溅，因此又被称为"荧光湖"。

魔鬼谷是怎么形成的

我国有一个死谷，在新疆和青海的交界地——昆仑山区，它西起库木库里沙漠，东到布仑台，全长100千米，宽30千米，海拔3 000～4 000米。南有高耸入云的昆仑山主脉，北有可以阻挡夏季干燥而炎热空气进入的祁曼塔格山，两山夹峙，雨量充足，气候湿润，那棱格勒河穿越其中，大小湖泊星罗棋布，牧草繁茂。然而，就是这个景色迷人的峡谷，却被人们视为有魔鬼的禁区，充满着恐怖的气氛。因为这里刹那间可能就会乌云翻滚、电闪雷鸣、飞沙走石、天昏地暗，导致树木折断、草木烧焦、牲畜毙命……传说这时人们可以看到蓝莹莹的鬼火，听到猎人求救的枪声和牧民及挖金者绝望而悲惨的哭嚎。风雨过后，谷中则布满了腐烂的动物骨骸、猎人的枪和淘金者的尸体。更令人毛骨悚然的是，有时连尸体也找不到。

但是科学家并不惧怕，他们知道一切都是自然的力量。主要有两个谜团

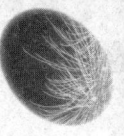

让他们费解：一是山谷的牧草为什么出奇地繁茂？二是这么美丽的牧场为什么成为牦牛和畜群的坟场？

经考察，科考人员发现魔鬼谷是一个雷击区，这里有大面积强磁性的玄武岩，还有大大小小 30 多个铁矿脉及石英体。由于湿空气受昆仑山主脉和祁曼塔格山脉的阻挡，汇集谷内，形成雷雨云，加上地下磁场的作用，常产生"雷暴"现象。雷电一遇上地面突出物体，就产生了放电现象，牧场上的人畜自然就是雷击的目标。据说这里夏季雷暴日多达 50 多天，是昆仑山中其他地区的 6 倍。从而也就解释了魔鬼谷人畜毙命的真相，原来是被雷劈死的。

但为什么有时寻找不到死去的人和动物的尸骨，它们在哪里呢？原来魔鬼谷是冻土层的分布区。冻土层的厚度高达数百米，形成了一个巨大的地下固体冰库。夏季的时候，冻土层便形成地下潜水和暗河。而地表面常为嫩绿青草所掩盖，人们不容易发现。当人畜误入，一旦草丛下的地面塌陷，地下暗河就会很快把人畜拉入无底深渊，甚至使其随水漂流远方，以致连尸首都无法找到。

另外，也正是如此多的雷电给这片谷地的土壤带来了丰富的天然化肥二氧化氮。因为空气中的氮是一种惰性气体，在常温下，它不易与氧结合，可是当碰上雷电等高温条件，它就能与氧化合成二氧化氮了。二氧化氮遇水形成硝酸，随雨水落下后，与土壤中的岩石作用形成能溶于水、易被植物吸收利用的硝酸盐。牧草由于吸收了生长所需要的氮元素而变得枝叶茂盛。

向外喷火的井

在明朝徐光启所著的《天工开物》中，曾说四川有火井，人们用长竹筒从井底引出火来熬煮井盐。有的火井深达 60 多丈（约 200 多米），这真是奇异的现象。在世界上也有类似的"火"。那么这些火是怎么形成的呢？

火井中的火实际上是从地下引出的天然气在燃烧。天然气也是一种经过一定的地质构造层汇集动植物腐烂分解的产物而成，它往往是与石油、煤矿一起伴生的，也有独立成矿的，如我国西南部四川自贡就有大量天然气储藏，在陕西神府煤矿，天然气储量也相当可观。

天然气的主要成分是甲烷，甲烷和其他烷烃的混合物。甲烷是一种最简单的碳和氢的化合物，分子式为 CH_4。

甲烷在标准状态下是无色气体，一些有机物在缺氧情况下分解时所产生的沼气其实就是甲烷。甲烷是天然气的最主要成分，是一种很重要的燃料，同时它也是一种温室气体，它的暖化能力比二氧化碳高 22 倍。

甲烷容易燃烧，每 1 克甲烷可以放出 55 千焦耳的热量，相当于 1 克木材燃烧所释放热量的 3 倍，比最优质的煤燃烧所放出的热还多 60%。可见以甲烷为主要成分的天然气是极其优良的气体燃料。天然气与石油、煤炭是当今世界的三大矿物燃料，构成了整个工业的能源基础。

天然气比石油、煤炭更为优越。因为石油需要精细的加工才能转变为能源，而且炼油厂对环境的污染是很大的，而天然气却无需加工，可以直接使用。从产地通过输气管道就可送到城市中作为燃料使用了。

而且天然气还有一个天然的优点，那就是它干净、清洁，燃烧后也不会产生污染物质，它燃烧的化学反应方程式为：

$$CH_4 + 2O_2 \xrightarrow{\text{点燃}} CO_2 \uparrow + 2H_2O$$

甲烷还是一种重要的化工原料。甲烷与水蒸气在催化剂镍的作用下，可以生成一氧化碳与氢气。氢气是合成氨工业制造氮肥的主要原料，四川盛产天然气，除开发用作燃料外，如今还利用它建设了一大批氮肥厂，成为我国化肥工业的一支生力军。

将甲烷隔绝空气进行加热，或者进行不充分燃烧，都会产生粒子很细的炭黑。制墨、墨汁及油墨，都少不了炭黑，印刷我们这本书的油墨，里面就含有无数粒子很细的炭黑。炭黑在工业上更重要的用途是作为橡胶的补强剂。汽车的轮胎都是黑色的，那就是因为橡胶中掺有炭黑。天然橡胶掺入炭黑以后，强度可增加一两倍。对合成橡胶如丁苯橡胶来讲，添加炭黑比不添加炭黑的强度能增加 5~12 倍。

由于甲烷具有高度的易燃性，所以和空气混合时可能会造成爆炸。甲烷和氧化剂、卤素或部分含卤素的化合物接触会有极为猛烈的反应。甲烷同时也是一种窒息剂，在密闭空间内可能会取代氧气。若氧气被甲烷取代后含量

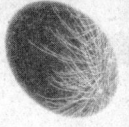

低于 19.5% 时可能导致人窒息。当有建筑物位于垃圾掩埋场附近时，甲烷可能会渗透入建筑物内部，让建筑物内的居民暴露在高含量的甲烷之中。某些建筑物在地下室设有特别的回复系统，会主动捕捉甲烷，并将之排出建筑物外。

天然气确实是很好的燃料，但烧掉它毕竟太可惜了。人们还在进一步研究，将甲烷变成乙炔，然后制成塑料、合成纤维与合成橡胶等更为有用的各种产品。

但是，天然气也是与石油、煤一样是经过漫长的地质年代才形成的，它在大自然中的藏量也是有限的。因此人们还应注意的是，在开发研究利用天然气的同时，还必须同时研究在能源、化工原料方面的替代品，只有这样才能持续满足人们的需要。

甲烷与温室效应

甲烷作为一种温室气体，其对气候变化的危害性仅次于二氧化碳，主要释放来源是城市垃圾堆、煤矿、动物排放气体、水稻培植和泥炭沼。其在大气中的含量在过去的 150 年间几乎增至三倍，世界年释放量大约达到 6 亿吨。最新研究显示，大气中甲烷的年含量中，约 10% ~ 30% 来源于植物。科学家通过控制实验，测定植物释放的甲烷的气体量，发现温度越高，日照时间越长，甲烷气体释放量就越大。

石头为何会流血

2006 年在福建省的一个小山村中，人们惊异地发现一座高约 6 米的石碑上渗出红色如同血液一般的液体，当地的村民都认为这是石头流的"血"，有人试着品尝了一下，它没有任何味道。据说每隔十几年石碑就会流一次血，每次流血都有着某种预兆，或好或坏，说法不一。

在我国，会流血的石头还不止这一块，明故宫的午门里就有一块颇为著名的"血迹石"。青灰色的石面上，夹杂着一团团绛褐色的斑纹，如同鲜血渗透到石头中去了。传说这块血迹石是580年前方孝孺血溅宫门留下的。方孝孺为明初大儒。公元1402年，燕王朱棣率军南下，攻破南京，建文帝自焚而亡，朱棣自立为王，也就是明成祖。明成祖想利用方孝孺的声望，笼络读书人，于是便命令他起草即位诏书。方孝孺坚决不从，最后被灭了九族，连同朋友和他的学生，株连达870多人。民间相传，血迹石里的血迹就是方孝孺当年头撞阶石所留下的。

第三处是苏州虎丘的千人石，每次下雨时，千人石就会随着淅淅沥沥的雨流出血来，千百年来，从未间断。相传吴王夫差命1 000多个工匠为他的父亲在虎丘山建造墓地，墓地建好之后，夫差害怕这些工匠有一天会来掘坟挖墓，于是夫差趁工匠喝醉的时候，将这1 000多名工匠全部杀死了，而工匠们的鲜血染红了这块石头，每到雨天，石头就会变得特别红，雨水一冲刷，仿佛就是工匠们的血在往下流。

没有生命的石头怎么会"流血"呢？这真是闻所未闻，让人匪夷所思。究竟这些石头里面含有什么秘密呢？难道真的可以预吉言凶？

据专家研究解释，流血石会流血主要有两种原因：其一，石头中含有铁元素，在太阳的暴晒下，铁元素与空气中的氧元素发生反应，形成了氧化铁，经风雨的侵蚀，氧化铁逐渐露于石头表面，而氧化铁遇到水就变成了红色，看上去就像石头流出的血。就形成了上面所说的石碑流血的现象。其二，另一种会流血的石头其实是由外力作用形成的沉积岩，其主要成分是石灰岩。这种石头是在海底形成的，故石头中还融进了海底古生物的骨骼等。在石头形成期间，它们又与海水中的氧化铁和氧化锰成分相作用，便出现了绛褐色的团块和条纹，也就形成了血迹石和苏州的千人石。

会喷火的牛

在荷兰的一个小山村里，曾经发生了一件怪事。一位兽医给一头老牛治病，这头老牛时而抬头，时而低下头，蹄子还不断地打着地，十分坐卧不安的样子。虽然已经几天没有进食了，但是这头老牛的肚子却胀得溜圆，手指一敲便"咚咚"直响。兽医诊断认为：这头牛肠胃胀气。他为了检查牛胃里的气体是否能通过嘴排出来。便用探针插进牛的咽喉，当他在牛的嘴巴前打着打火机准备观察时，他万万没有想到牛胃里产生的气体熊熊地燃烧了起来，从牛嘴里喷出长长的火舌。

兽医大吃一惊，急忙后退几步，牛见火也受惊了，挣断了缰索，在牛棚里东撞西撞，牧草瞬间被引燃，也引起了一场冲天大火。虽然牧场里的人进行了全力抢救，但也无济于事。整个牛棚和牧草化为一片灰烬。

这头牛为什么会喷火呢？经有关人员的研究分析得出结论：牛喷出的气体是甲烷。

甲烷的分子式为 CH_4，在沼泽的底部往往有气泡逸出，那就是它，因此又得名沼气。它是一种无色、无味的气体，化学性质比较稳定，它可以燃烧并产生大量的热。因此，它是一种燃料。将有机废物像人、畜的粪便，麦秆、茎叶、杂草、树叶等特别是含纤维素的物质作为原料，在沼气池内发酵，由于微生物的作用，就产生了甲烷。

由此，我们很容易就可以弄清楚那头牛为什么会喷火了。牛吃的饲料是牧草，其主要成分为纤维素。由于牛患病，消化功能衰弱，在胃里进行异常发酵，产生了大量的甲烷引起了肠胃胀气。当兽医插入探针后，就像一根导管一样，把气体引了出来。甲烷易燃，所以遇火即燃，引起了这场大火。

冰海下的鱼为何能够生存

在寒冷的冬天，我们时常看到厚厚的冰层下面，有鱼儿自由地游来游去，一点也不怕冷。鱼既没有可以蔽寒的皮毛，又不会像蛇那样钻进洞里进行冬眠。它是靠什么才不被冻死的呢？

生物界是一个神奇的领域，即使在我们想来大部分生物都难以生存的地方，依然有着一些生物靠着奇特的本领生活着。鱼类，特别是生活在极地冰海下的鱼类就是如此。

据生物学家研究，鱼是一种体温随外界温度改变而改变的所谓冷血动物。寒冷的冬天到来时，在北极和南极附近广阔的海面上已经是千里冰封，数米厚的冰层将海面变成了一个冰的大陆，但是生活在那里的鱼类，却丝毫不畏严寒，依然在自由自在地生活。人们不禁会产生疑问："在冰海中生活的鱼类，为什么不会被冻死呢？"

在与罗斯海相对的南极大陆的麦克默多海峡，从海面直到水下的几百米，长年水温都在摄氏零下 1.9 度左右，而栖居在这种环境中的某些鱼类，血液的冰点却在摄氏零下 2.0 度～零下 2.1 度之间，由于血液的冰点比海水的冰点要低一些，所以它们在低温下生活，才不致被冻死。

与栖息在冰海中的鱼类不同的是，栖息在温带的鱼类，它们血液的冰点却只有摄氏零下 0.8 度左右，这些鱼类，就无论如何都不能在酷寒的海水环境中生存了。鱼类的血液温度冰点下降，主要由存在于血液中的低分子物质，尤其是氯化钠（NaCl）在起作用。于是自然会让人联想到，是否生活在冰海里的鱼类的血液中，含有更多的盐类。就目前人类所知，氯化钠等盐类对生活在南极海域鱼类血液冰点下降所起的作用，还不到70%，那一定是有另外的物质在起着神秘的作用。

在 1953 年，美国沃兹堡海洋研究所的斯科兰德等人发现，生活在南极海域的鱼类血液中，都存在着一种高分子物质，正是这种物质使得这里的鱼类血液冰点降低。随后，他们为弄清这种物质的构成作了大量的研究工作。

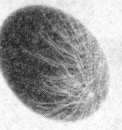

1970 年前后，美国加利福尼亚大学的德弗里斯等人又指出：上述那种具有抗冻作用的高分子物质，实际上是糖类和蛋白质结合在一起的一种糖蛋白质。他们从生活在南极的两种特殊鱼类的血液中分离出一种糖蛋白质，称为"冰点下降糖蛋白质"。它们主要有 3 种，用超速离心法和渗透压法测定它们的分子量时表明，三种 FPD 糖蛋白质的分子量分别为 11 000、17 000 和 21 500。三者之间除分子量不同外，在化学组成上没有任何差别。

这种被分离出来的 FPD 糖蛋白质的作用，并不能通过摩尔浓度与冰点下降度之间的关系来说明（通常溶液中溶质的摩尔浓度越大，冰点的下降度越大）。这三种糖蛋白质虽然都是化学性质一样的蛋白质，但当其构成较大分子量的此类糖蛋白质时，其分子量越大，抗冻效果就越明显地增大。如果我们用每毫升溶液所含溶质的毫克数这样一种浓度，来与糖蛋白质和氯化钠对冰点下降的作用相比较，就会发砚：当浓度都在 10 毫克/毫升以下时，虽然氯化钠的作用比 FPD 糖蛋白质要大，但是，当按摩尔比计算时，FPD 糖蛋白质的作用，实际上要比氯化钠的效果大 200～500 倍。此外，研究者还发现，FPD 糖蛋白质仅起着降低血液冰点的作用，而对物质的熔点几乎没有影响。存在于鱼血液中的三种 FPD 糖蛋白质的浓度，总浓度为 8 毫克/毫升左右，它能使血液的冰点降低约摄氏 0.6 度。

由此可见，极地冰海中的鱼类在长期的进化中生成了能适应环境的特殊物质，如 FPD 糖蛋白质，以及氯化钠等盐类所起的作用，终于能使鱼类巧妙地降低血液的冰点，从而使海水的温度高于它们身体血液的冰点，它们也就可以自由自在地在冰层下生活了。

叶子结冰是怎么回事

北方的冬天，最冷的时候温度达到摄氏零下 20 多度，北方的落叶乔木都停止了生长，只剩下树枝在风中乱颤。

而在南方，一些冬季寒冷的日子，温度也常常会降到摄氏零度以下，但是那些依然长着繁茂绿叶的乔木叶子为什么没有被冻坏呢？甚至有的还开出花朵来。例如山茶花树，就在料峭春寒的春风里，顶着零下几摄氏度的酷寒，含苞怒放了。但是你是否产生过疑问，在这万绿丛中一点红的瑰丽景色里，山茶花的花和叶为什么能忍耐这么低的温度呢？

其实山茶树的叶子有时也会受冻，用手指弹一下，还会发出很脆的声音，仿佛立即要折断了似的，但是用手捏一捏时，却感到有弹性，并且在手指的温度下，有冰被融化了。而且南方许多的树木和蔬菜上都有这些类似的情况。

在广阔的大自然里，有着许多的植物具有良好的耐寒性能。像北方针叶林带，我国的大兴安岭，俄罗斯的西伯利亚，以及加拿大的北方针叶林，欧洲北部遍布的寒带、亚寒带森林中的针叶树，它们都能够耐受严峻的冬寒，坚韧地生长着。将这种耐寒性扩大到海洋，你还能看到在比淡水结冰温度还要低的条件下，在那些没有冻结的海水中（其实际温度已低于摄氏零度），仍然有海藻和属于显花植物的大叶藻在生长着。

为什么这些叶子在零度以下，几乎在被冻住的情况下，依然能够生长呢？在它们身上到底隐藏了什么秘密呢？

要解开这个问题，我们需要先撇开生物学的观点来考察一下溶液。例如食盐水，它就比纯水难结冰，这就是所说的冰点降低。为了要测定溶液的渗透压，其中就有一种是冰点降低法。已知低浓度溶液的冰点降低度和渗透压大小之间，基本上存在一种直线关系。

假如我们将上面所提到的溶液看成是叶子细胞中的溶液，那么它在叶子中就起着降低冰点的作用（这与鱼类的耐寒技术中增加血液中的盐类起到降低血液冰点的化学原理是一致的）。如果把食盐水换成糖水，也同样能起到降低冰点的作用。即糖溶液的浓度越高。叶细胞内的液体越不易被冻结。

植物在适应环境的过程中，形成了这样一种本领，常绿树在寒冬即将到来的时候，就把它以前贮存在枝和干中的淀粉转化成糖，然后输送到叶子中去，这就增大了叶子细胞液中的含糖量，于是叶细胞内以糖为主要溶质的溶液的浓度就增大了，当然其渗透压也随之升高，因此结冰的温度就更低了，这就是叶子在摄氏零度以下，仍然不冻结的首要原因。所以当叶子处在摄氏零度与其细胞液冰点之间的温度，例如零下几度，它就不会被冻坏。

上面我们也讲到，山茶树的叶子受冻了，这是怎么回事呢？

在生物课上，我们做过观察植物细胞的实验。我们会看到叶子并不是满满地填充着组织和细胞的，在它们的组织和细胞之间都存在着许多空隙。这些空隙填充着一些液体，这种液体的浓度要比细胞内液体的浓度小，所以在气温下降时，它就要比细胞内的液体先结冰，这也就是说，在摄氏零度和细胞内溶液的冰点之间还存在着另外一个冰点，即细胞间溶液冰点。气温再进一步降低时，细胞内的溶液也逐渐结冰。前者称为第一冰点后者称为第二冰点，即发生了所谓两步冰结。

但是上面的说法只是根据实验结果的一种推论。而这种推论很难被证实是否适用于山茶树叶的受冻情况，以及适用于所有的自然生长条件下的叶子受冻的过程。例如冬季的黄杨树叶，它的组织间隙已经结冰可予以证明，但是其细胞内部是否结冰，则无法证实。但是，通常在叶子受冻时，其细胞内部也要结冰。

在叶子受冻时，叶细胞内维持生命现象的原生质，从它的结构和功能上讲，它能耐受低温和低温下结冰时所产生的脱水作用，即原生质有耐受低温和游离水减少的功能。例如，含游离水非常少的植物种子和孢子能够安全越冬，就是这种功能在极端情况下发挥作用的例子。

那些战胜了冰冻而生存下来的山茶树叶，随着气温回升的同时，叶中的冰也逐渐融化了。叶子中冰融化的过程与结冰的过程是一对逆反过程。在冰融化时，这时的冰变成了比它体积小的水，因此对承受一定压力的叶子结构失去了支撑，使叶子重新变得柔软，甚至是柔软得失去了往日的原形。这时，细胞内的渗透压由于水分增加而下降（水分增加，溶液浓度降低），即原生质中的游离水增多了。

实际上，冬季的山茶树叶，每天都是在结冰到融化，然后又重新结冰这样反复过程中生活着（在我国南方，山茶树很多，气温也是有时夜晚在摄氏零度以下）。因此，叶子不单纯由于结冰而导致死亡，也可能在融化的过程中导致死亡。那些具有耐寒性能的叶子，则能巧妙地度过这两种不同的难关。

其实，叶子耐寒还不仅仅由于细胞内溶液的冰点降低这一种原因。它是一种适应环境的复杂的保护机制。例如北方的针叶树，它们的耐寒的独特之处还在于它们的叶子一律地呈针状，这也是一种缩小叶子表面积，从而保持自身的

"体温"的耐寒本领。还有，在针叶树的针形叶子上还都有一层比南方树叶要厚许多的特殊的蜡质层，这也是它们自我保护的本领之一。在我们的生活中，人们也利用植物耐寒的特性来防寒。例如，为了让小麦等农作物能够安全地越冬，如果事先进行一次人工冷冻，就能防止冻害。这是因为用人工的方法增加了叶中的糖分，增加了叶中的渗透压，因而使叶子得以战胜冬寒。

直到今天，植物耐寒还有许多的秘密没有被解开，这就要靠小读者你们将来继续研究了。

 知识点

甲烷与温室效应

山茶属于四季常绿阔叶小乔木，树高 3~6 米，胸径可达 24~30 厘米，树皮光滑为灰褐色。油茶树单叶互生、花为两性白色，10 月开花后直到次年 10 月间果实方能成熟，因此，油茶树会有罕见的花果同株现象。果实为蒴果，多为椭圆形、有细毛。种子多为黄褐色，有光泽，三角状。

山茶常年在连绵叠嶂的群山之中天然孕育，成年树树高 3 米左右，树龄百年以上，有的可达 400~500 年。它是我国特有的油料树种，仅分布于我国南方少数省县的部分高山地区。

萤火虫发光的奥秘

在盛夏的夜晚，我们在外面纳凉时，有时会看到那些带着"电灯泡"到处飞翔的萤火虫，一闪一闪，十分地有趣。但是萤火虫为什么会发光呢？

有的萤火虫只在幼虫时发光，它变成成虫后反而不发光了。以前，人们认为萤火虫发光是一种向异性求爱的信号。但是，在大自然里还有许多不发光的萤火虫，其中有的只在卵和幼虫时发光，可见仅以求偶解释发光，是难以令人信服的。

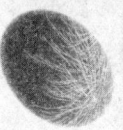

现在，人们已经知道，萤火虫的发光是因为存在于其体内的发光物质所发生的化学变化引起的。这种化学变化是一种"酶反应"，即荧光素与荧光素酶的反应。早在 1916 年，有人就已发现这种反应，1957 年麦克埃利等人分离出荧光素，1961 年怀特等人推导了它的结构，并通过合成确定了它具有 D – 构型的方式。

萤火虫在进行生物发光时需要有 D – 荧光素、荧光素酶、腺苷三磷酸（ATP）、两价镁离子和氧等物质存在。

反应的第一步是荧光素在 Mg 离子的存在下，受荧光素酶的作用，与 ATP 反应，生成荧光素腺苷酸和焦磷酸。接着，荧光素腺苷酸进一步在荧光素酶的作用下，与分子氧反应，生成氢过氧化物阴离子，这种阴离子即按照发光反应第一步的途径，生成含有荧光素腺苷酸和焦磷酸的化合物，由于这种化合物是一种能量很高的不稳定的化合物，所以它很快分解，放出二氧化碳，生成一种羰基化合物。这时羰基化合物是处于一种激发状态中。通过模拟实验的结果表明，它直接发出来的光是红光，而实际上萤火虫发出来的光之所以是黄绿色，乃是由羰基化合物再脱掉 1 个质子后生成的阴离子所发的光。

虽然如此，但是萤火虫为什么会发光依然有着许多的疑问没有被解开。

向荧光素腺苷酸中加入荧光素酶，使之发光，然而，只要有 2 分子的荧光素腺苷酸发生反应之后，加入的酶就会完全受到抑制。这时，即使还有荧光素腺苷酸存在，发光也要停止。这种被抑制了的酶可以受焦磷酸及辅助酶的作用而再生。

所以在萤火虫的发光器中，最初存在着一种受生物抑制的酶。当这种酶受到由神经刺激而分泌出来的焦磷酸的作用而成为活性酶时，它就成为催化荧光素、ATP、Mg 离子三者之间反应的催化剂。但在引起发光的同时，它本身又会受到生成物的抑制而失活，萤火虫的光也就由亮而灭，接着焦磷酸也在焦磷酸酶的作用下迅速分解，于是重新回到循环的开始。

但是这个模拟只是人们对常见的萤火虫一闪一灭发光原理的理解。对于可持续发光萤火虫，还有众多的秘密需要进行探索。

花为何按时开放

你知道花开的时间一般都是什么时候吗？每种花开放的时间都不一样。牵牛花是在清晨开，葫芦和夜来香的花是在晚上开，另外还有许多花在特定的时间开放。假如我们调查一下各种植物的开花时间，就可能做出一个由花卉指示时间的钟来。

科学家说，决定开花时刻的主要因素，虽然常常因植物种类的不同而异，但大多数的植物，都有一个生物学上的"钟"（内在的节律）。植物的开花时间，很多都是由这个钟所决定的。我们可以这样认为，植物的开花时间是由生物钟所支配的。

但是这种生物钟的实质是什么呢？是什么因素在调节着这种钟的运行？要是这种钟不指示出特定的时间，花儿为什么就不能开呢？对于这样一些问题，目前人们还无法作出答复，不过我们可以解释一下，为什么要用生物学上的钟来解释开花时间。要说明这个问题，就要先说说什么是生物钟。

这里举一个比较简单的例子：叶子的睡眠行为。许多人都知道扁豆、合欢草、含羞草等植物的叶子，白天呈水平状展开，夜间则垂向下方，同时小叶闭合。如果把这类植物放在一定温度的暗室里，这时尽管没有了昼夜之分，但是它们的叶子仍然大致以一天为一个周期，不断地上下运动着。这种周期性的运动，显然是由植物本身内在的节律性造成的。

植物之所以对某些呈周期性变化的环境因素（不包括温度和光）没有反应，是因为它们的运动周期，并不是准确地恰恰是24小时，而是随植物种类的不同而不同。这说明植物的运动周期，是受植物遗传性支配的，但是这种周期的长短，一般还是接近于24小时，一般为20~30小时。即植物运动周期的一个特点是没有突出的长或短。

上面这种植物的内在节律性，不仅表现在叶的运动上，而且也表现在植物的呼吸、光合作用、生长速度等多种多样的生理现象上。我们一般称这种现象为"生物钟"。因此，植物的生理状态所表现的周期性变化，可以认为是

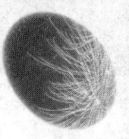

受生物钟支配的。

我们虽然知道了生物体内存在着这样一个"钟"，但是目前人们对它的实质却一无所知。

现在已经发现光亮和黑暗能比较容易和明显地改变钟的快和慢。例如，如果黄昏时刻一到，马上就把植物移入暗室，使叶子的睡眠时间提前，这样第二天早晨叶子展开的时间也提前。由于自然条件下的光是以 4 小时为一周期进行照射或消失的，这就使那些不以 24 小时为周期的生物钟的运行，受到每天的天亮和天黑的调节，以致不得不表现出比较准确的 24 小时这样一个周期。而植物内在的，本身所固有的周期性，只有在固定不变的条件下才能观测到。

那么牵牛花开花的时间是否受上述生物钟的支配？我们可以做一个试验：如果把结有大量花蕾的牵牛花，放在一定温度的暗室或人工照明室中，同时用适当的方法（如每隔半个小时进行一次红外光照相），考察开花的时间。这时可以发现：牵牛花开花的时间，每天基本上都是固定的，即 1 个开花周期大约是 24 小时。这种现象如果不用生物钟来说明，那将是极其困难的。

牵牛花在自然环境下度过 8~10 小时的黑暗，即竞相开放（并不是受晨光的照射才开放）。因此可以认为：进入黑暗之后，通过生物钟来控制时间，在 8~10 小时之后，钟的"闹铃"响了，开花的时间到了。这种观点还得到以下事实的支持：天黑之前，早早地把牵牛花移到暗室，次晨，花也开放得特别的早；天黑之后，如果再延长它的光照时间，牵牛花在第二天早上也开得特别的迟。

现在我们还知道：植物体内各种酶的活性，及其对生物膜的透过性，也都随着生物钟的运行而呈现周期性的变化。通过这一事实，也许我们可以认为：只有当这些酶的性能达到某种特定状态之后，牵牛花才能开放。

为了开花，内侧花瓣的生长速度一定要大于外侧。因此，若达不到构成内外侧花瓣生长差异的条件，化也就不会开。遗憾的是，是什么因素决定着内外侧花瓣具有不同的生长速度，以及这种因素和生物钟之间存在着什么样的关系，现在仍然是悬而未决的问题，这还有待于生物学家和化学家携手揭开此中奥秘。

动物也打化学战

在人类的战争中有化学战，但是你知道吗？在动物界也有化学战。许多动物拥有诸如毒液、麻醉液、腐蚀液、黏结液之类的"化学武器"，经常展开一幕幕的生死之战。

像我们比较熟悉的毒蛇、毒蝎、毒蛙、毒蜘蛛等能够分泌毒液，以此作为武器，用于进攻或防卫。它们分泌的毒液一般含有神经毒和血液毒两种类型。前者作用于对手的中枢神经使其心脏停止跳动，后者则经过对手的血液循环系统破坏其组织，最终使其丧命。在非洲有一种毒蜂，蜂王一旦发现可以进攻的目标，就发出一种具有特殊气味的化学物质，"命令全军反击"，即使是老虎、狮子也难逃性命。还有一种黄蜂，毒液含有"报警信息素"，可通过空气传播给巢里的蜂群，若有人打死一只黄蜂，能激怒5米外的巢中的黄蜂飞来，有时几只黄蜂就能杀死对蜂毒过敏的人。

你听说打屁虫吗？打屁虫是善跑的昆虫，也是制造和使用化学武器的能手。在他的腹内有两个臀腺，臀腺里的分泌细胞能分泌出对苯二酚和过氧化氢，平时贮藏在贮液囊里。他受到攻击时，能立即让上述化学物质进入体内"燃烧室"，在酶的作用下进行化学反应，生成滚烫的腐蚀液，依靠其腹部尖端可转动的"炮塔"，把腐蚀液准确喷到追击者身上，而且在追击的同时发出令人吃惊的咔嗒咔嗒声，使追击者不知所措慌忙逃走。

我们都听说过黄鼠狼的屁很臭，但是为什么这么臭呢？这是因为黄鼠狼体内贮有奇臭难闻的丁硫醇，当它遇到敌害袭击时，就放出含丁硫醇的屁，敌害招架不住，它便趁机逃跑。而猫把脸上和臀部体腺散发的气味弄在人的腿上，因此它远远就能辩明主人在哪里。黑尾鹿遇敌时常释放香味迷惑对手。燕尾凤蝶还能利用化学武器实施集体防御，它有一对鲜红色或橘色触角，位于紧挨头部的后面。在正常情况下，触角隐藏在囊里，受攻击时会突然伸出，喷出一股极臭的脂肪酸分泌液。一群燕尾凤蝶在一起飞舞时，只要外围有一只受到骚扰，这个群落就会同时喷射，在四周形成一圈化学"烟雾"，有效地

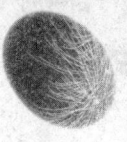

抗击来犯者。

　　白蚁虽然很小，但是它却有多种"化学武器"。其中有一种叫注射法，即在咬伤对手的同时，向其伤口注入毒素或抗凝油，使之中毒或流血不止而死亡。大白蚁或军白蚁用的就是这种方法。第二种是刷毒法，利用其上唇演变而成的"油漆刷子"，将油状毒液刷在对手身上，使之无法脱身中毒死亡。第三种则是喷胶法，这种胶与松树脂相似，内含黏结剂、刺激剂和毒液，对手粘上此胶后动弹不得，只好束手待毙。

　　制造和使用化学武器，需要消耗能量，有的动物因此窃取别的动植物的成果来武装自己。比如，大桦斑蝶毛虫吃了马利筋属植物，会把其中称为卡烯内脂的毒物积累在体内，从而保护它从小直到变成蝴蝶不被鸟类吃掉。

　　猴子、野猪等动物中的领袖能够发出使其他雄性动物臣服的气味，只要闻到这种气味，即使没有见面也马上会臣服于首领。有一种貂熊发现小动物时立即撒尿，用尿在地上划一个大圈，被圈中的动物如中魔法，费尽全力也难逃出"禁圈"。更令人惊奇的是，当貂熊在圈中捕食小动物时，圈外凶猛的豹和狼等，竟也不敢跨入"禁圈"去争夺。原来是貂熊的尿液气味使某些动物闻之发晕、发憷。

　　在海洋中，一些鱼类的化学武器更是让人叫绝。墨鱼受到攻击时能喷出墨汁，鱿鱼能喷出发光液体，借此来迷惑天敌，自己则趁机逃之夭夭。这些也都属于化学防卫范畴。最有趣的是，因为鱼的嗅觉极为灵敏，有些甚至比猎犬强千倍，很容易嗅出它们害怕（或厌恶）的气味。水中含量为 800 亿分之一的一种人体分泌物——左旋羟基丙氨酸的气味，鱼也可嗅出来。美国前总统布什最爱钓鱼，可鱼儿总是很少上他的钩。鱼儿为什么害怕布什总统？研究者发现，布什留在钓竿上的指纹中含有这种左旋羟基丙氨酸。鱼儿自然对它退避三舍。

　　在海洋深处生存的海蜗牛，能吐出一种含盐酸和硫酸的混合物唾液，别说动物肌体，就是滴在岩石上也会使之冒烟气化。因此，海中动物包括鲸、鲨、鳄都不敢去惹海蜗牛。

　　河豚内脏带有剧毒，还能排出带有剧毒的鱼卵。河豚毒的毒性比化学毒品氰化钠大 120 倍。倘若海里的其他动物吞食了它或它的卵，会很快神经麻木中毒死亡。比目鱼也能排泄出一种乳白色毒性极强的液体。鲨鱼尽管凶猛无比，但一沾上这种液体，嘴巴立即僵硬，瞬间变成纸老虎。

有些动物的喷液竟然含有浓度高达 20% 的甲酸。有一种蟑螂，能喷射催泪性毒气。而有一些蛾、甲虫、千足虫，具有制造剧毒物质氰化氢的本领，还有一些昆虫会喷射酮、酚之类刺激性物质，进行自卫。

总之，动物的各种化学战，是为了保护自己长期演化的结果。你看到过其他小动物的化学武器吗？找找看。

我们身边的化学
WOMEN SHENBIAN DE HUAXUE

作为一门基础学科，化学与我们的生活密切相关。它与其他科学一起帮助我们进一步认识自己，认识我们周围的世界，同时也使我们的生活发生着巨大的变化。随着社会的进步，科技的发展，人类的视野愈加开阔，化学将继续与其他学科，诸如环境、资源、材料等深入生活的各个方面。

火柴为什么一擦就着？变色眼镜为什么会改变颜色？让我们在生活中学习化学吧，你会产生关注生活、创造美好生活的强烈愿望。

暴食之谜

1945 年 6 月，被关在希特勒集中营的一些人得到了自由，他们受到了盛情的款待。集中营中长期忍受饥饿的人们在看到美味佳肴时，一些人顾不得一切就狂吃起来，但是，许多人却因此莫名其妙地死掉了。这些人是被撑死的吗？科学家们研究他们暴死的原因，发现是由于他们吃了过多的高蛋白质的食物，引起"蛋白中毒"。蛋白质是构成各种生物体的主要物质，在人的血液、肌肉、内脏、甚至皮肤，指甲、头发里都含有。人体必须每天摄取一定数量的蛋白质，全身细胞才能正常活动，假如缺少蛋白质，人就会体弱多病，容易衰老，甚至影响寿命。

在我们所吃的食物中，豆制品、瘦猪肉、鸡蛋等都含有比较多的蛋白质，是很好的营养食品，但并不是吃蛋白质越多越好，尤其是一些病人，多吃含高蛋白的甲鱼、海参、老母鸡等，反而不利恢复健康。原来，人们吃了大量的高蛋白食物后，要靠人体里的胃蛋白酶等消化酶的帮助，才能把蛋白质分解成氨基酸，送到身体的各部分去，构成新组织蛋白质，同时老组织中的蛋白质就会分解成氨基酸。不管哪种氨基酸，又都会分解出一些有毒的氨来，健康人的肝脏有分解氨的功能，所以不会中毒。但是长时间处于饥饿状态，或患有肝病、肾病和尿道疾病的人，吃了大量的高蛋白食物，使血液中的氨特别多，大大超过了肝脏的解毒能力，就会出现中毒症状。如果氨随着血液进入脑组织，会使脑组织缺乏能量，造成全身代谢停止，轻则使人昏迷，重则致人死亡。因此，不能一次吃过多的高蛋白食物，以免"蛋白中毒"。

寻找"超纯"的物质

我们最常吃的水和盐等物质，并不是纯物质，世界上的所有物质都不是纯物质，多少含有一些杂质。这是为什么呢？

以水为例，即使是很清澈的水它里面会有不少溶解了的金属离子和非金属离子，像钠、铁、钙、镁、氯等离子。如果我们把水蒸馏一下，让水变成气，再使气冷凝成水，这时候这些离子虽然大大减少了，但这种蒸馏水里面还是含有不少残余杂质离子。现在，人们已经想出很多办法去除水中的杂质，当水中的杂质离子达到极微量的时候，水就几乎不能导电了。我们称它为"高纯水"，又称为"去离子水"。即使在这种"高纯水"里，也还是有杂质的，不过已经是极少极少的了。

随着科学的发展，人们对各种物质引入了"纯度"的概念，所谓"纯度"，就是从化学的角度表示物质纯到什么程度。高纯水比蒸馏水纯得多，而蒸馏水又比普通水纯得多，对于化学物质，我们根据不同的用途和要求，给它制订了不同的杂质含量控制数，规定了各种纯度的等级。有实验试剂（四

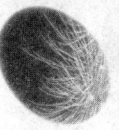

我们身边的化学

级）、化学纯（三级，常用缩写"C. P"）、分析纯（二级、常用缩写"A. R"）、优级纯（一级，常用缩写"G. R"）、光谱纯、电子纯、高纯和超纯等。

化学试剂工业就是生产这种"纯"的化学物质的工业。达到纯度等级的物质就称为"试剂"。目前，我国的试剂工业发展较快，已经能生产 4 000 多种化学试剂了。试剂的用途很广，从食品工业、医药工业、冶金工业、电子工业、科学研究、国防工业到人造卫星上天，都少不了化学试剂。在食品工业中，在制造罐头食品时，为了防腐，就要加入一点苯甲酸。在医药工业中，一切化验和鉴定都是靠各种化学试剂完成的。在冶金工业中，为了提取高纯稀有金属，就要使用各种萃取剂和高纯试剂。在原子能、半导体、电子技术和空间技术的发展中，各种高纯试剂更是关键的材料，如集成电路光刻工艺中使用的显影剂、清洗剂、去膜剂、稀释剂、腐蚀剂和掺杂材料，都是高纯试剂。

但是随着现代生活的发展，人们对纯度的要求也越来越高。因此，现在又出现了"超纯"的物质。超纯物质的纯度要求达到 99. 999 9% 以上。像集成电路所用的半导体硅，收音机里用的半导体锗，都是高纯物质。

减压病是怎么回事

减压病又称为潜涵病或潜水员病，是潜涵工人或潜水员等，在长时间的高压条件下工作之后，突然恢复到常压时所患的病症，主要症状有肌肉及关节疼痛、麻痹、眩晕、呕吐甚至心脏麻痹等。

当潜水员利用最现代化的新型潜水服可下潜到几百米深的水下。一般每下潜 10 米，约增加 1 个大气压（约 100 千帕）。因此，当潜到水深 20 米处所受到的压力，就比在水面上高出 12 个大气压，这时要把船上的空气供给处在加压状态下的人进行呼吸，必须使用高于水压的压力来送气。一般是气体的压力越高，在水或血液中溶解的量就越高。所以在长时间呼吸加压空气的人的血液中，溶解有大量的氧和氮。氧可以在呼吸的过程中消耗掉，而氮却滞留在空气中。这时如果人突然上升至水面。血液中的氮就要变成过饱和，进而在血中产生气泡，堵塞血管，以致出现上述减压病的症状。

但是，生活在同样深的海洋中的鱼类为什么就没有产生类似于人的减压病呢？

原来，深海下的鱼所受的压力虽然很高，但是由于它们是通过鳃来吸入氧的，接触不到高压的空气，所以在它们的血液中不会溶解过多的氧和氮。因此在急骤地升到水面时它也不会得减压病。但在某些情况下，例如突然地被从水中钓上来时，也会出现和减压病相同的症状。

另外，我们在分析鱼的减压问题时，还必须考虑一个问题——鱼鳔。鱼鳔中装的是二氧化碳、氧、氮等气体，当鱼飞快地游向浅水，在它体内密封着的鱼鳔（鲤鱼、沙丁鱼等的鱼鳔，是和食道之间通过一根管子相连通的，但是大多数鱼的鱼鳔是不与外界连通的），由于外界压力减小，因而发生膨胀，它在压迫心脏的同时，也增大了浮力。为了克服这种压迫所带来的不适和调节浮力，血液就要吸收一些鱼鳔中的气体，以致增大了血中气体的压力，这时则应当考虑有可能发生减压病。但是实际上，鱼并不会如此迅速地升到浅水层，所以通常我们看不到鱼类的减压病。

由于鱼眼球中的血管不多，因此网膜附近存在着多量的氧，常压下测定时，很多都已经处于饱和状态。这种氧是为了养护具有强烈代谢作用的网膜所必需的，而氧是位于网膜后部的称为脉络膜腺的腺体——一种特殊的"泵"来供应。当鱼被快速钓上来时，它的鱼鳔由于膨胀而从口中吐出，眼球的后部也产生气泡，致使眼球鼓起。这种眼球突出的症状，可以认为是一种减压病。而眼球后部所产生的气泡，则可以认为是因为突然被钓上来而产生的减压作用引起的，及从所谓脉络膜腺这种泵所产生的氧、推动泵运动的二氧化碳以及一部分从鱼鳔中吸收到血液中的气体中产生的。

再来分析一类和减压病有关的鱼类疾病。有许多涌泉的水，人们喝起来没有任何的问题，但是如果把鱼放进去，在一夜之间它就会死掉，这是为什么呢？

实际上，当这种水处于地下高压时就已经溶有多量的氮，在它涌至地面上时，就成为含有过饱和氮的水。如果鱼进入含氮量超过130%的过饱和的水

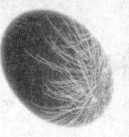

中，水中的氮就能从鳃扩散到血液，使血液中的氮也成为过饱和，如果时间一长，就在血管内成为气泡，以至堵塞血管。虽然发生这种病的机理和减压病相同，但它却和减压及潜水无关，因此称为气泡病或气体病。

例如把新孵化出来的小金鱼，投放到有许多水生植物的水槽中，并把水槽放在有阳光照射的地方，由于光合作用，水生植物会释放出大量的氧气，随着水温的增高，而变得显著地过饱和（有的情况下可达到 200%），使水中气体溶解度增高，这样，小金鱼也会出现气泡病的症状。

"鬼剃头" 是怎么回事

一个人的头发有数十万根。一头乌黑的头发不仅能替我们御寒防晒，而且还会增加美感。但头发的寿命可不能跟人相比，只有 3~5 年。平时掉一些头发十分正常，但是成片成片地脱发就不正常了，人们把这种症状叫做 "秃头"，也叫 "鬼剃头"。

过去在贵州的一个村庄，一位待嫁的姑娘正对着镜子梳妆的时候，却发现自己的头发成片成片地脱落，美丽的姑娘因为无法忍受秃头的样子而大声哭起来。接着，在几个月内，这个村庄又有数十人得了类似的怪病。迷信的人们就说，这是鬼给他们剃了头。

后来经过科学家仔细研究，终于揭开了这个谜团，证明世界上没有鬼，更不会有 "鬼" 剃头。那么，这个村庄为何这么多人得了这种怪病呢？原来村民们饮用的水源中含有大量的铊离子，它的浓度大大超过了正常的标准。村民们喝水时，铊离子就进入人体中，从而使很多人掉了头发。铊离子又是怎样进入水源的呢？原来在水的上游有一家化工厂，经常排放一些工业废水，这些废水中含有大量的铊离子，因而使村民们的饮用水中含有许多铊离子。

铊是一种白色的金属元素，但是它却能发出蓝色的光。把它放在空气中，不久就会被氧化而变得暗淡无色。而且它很容易与硝酸和硫酸反应。但是当你把它放进碱液的时候，它却不与碱反应。

对人们来说，铊是一种有害的元素，它能使人们脱发。但是，它也有很多好处，如人们可以用它的化合物来制造各种农药，杀灭害虫。它在这方面有"一手"，因为用它制成的农药无臭无味，很容易使各种害虫上当受骗。

铊元素又是如何被发现的呢？1861 年，英国化学家克鲁克斯在分析一些工业残渣时，从分光镜上发现了 2 条从来也没见到过的绿线，他知道这残渣里一定有一种人们还没有发现的新元素，就把它起名叫铊，即"绿树枝"的意思。在 1862 年时他把自己提炼出的这种东西送到国际博览会上，还获得了一笔奖金。不久之后，法国化学家拉密也发现了铊元素，并制出了纯净的铊。他在报刊上发表文章说，克鲁克斯发现的不是铊，而是一种铊的硫化物。克鲁克斯反驳说，他早就制出了金属铊。二人开始为这件事争执，后来不得不打起官司。最后，法兰西学院组织了一个委员会专门来调查这件事。这个委员会最终宣布，克鲁克斯是第一个用分光镜发现铊元素的人，但他没有制出单质铊，纯净的铊是由拉密制出来的。这才平息了他们之间的争吵。

铊的氧化物氧化铊在军事领域还有着广泛的作用。人们利用氧化铊能够感应红外线的特性，将它制成夜视仪的光电管来侦察敌情。夜幕降临时，夜视仪先放出大量的红外线，红外线遇到阻挡之后就被反射回来，光电管就会接收到这些红外线，同时显示出阻挡红外线的物体的形状，敌人的行动就这样被发现了。

玻璃上的花纹从何而来

玻璃是我们生活中不可或缺的东西。许多精美的艺术品都是用玻璃制作的。现代建筑中重要的一部分——玻璃更为我们阻挡了风雨。

但是细心的人会注意到许多的玻璃杯上刻有花纹，实验器具上一般都有刻度。这些花纹和刻度是怎么来的呢？

也许会有人说，这并不难啊，只要找一个比玻璃坚硬的东西，就能在它

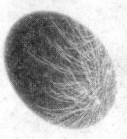

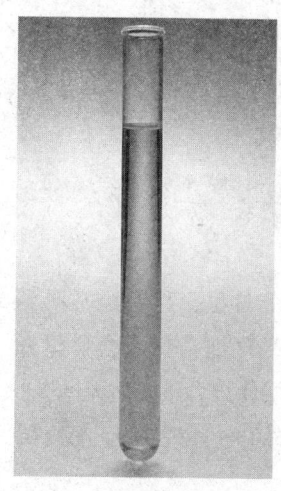

上面刻出花纹。但是当我们这么实验时，就会发现玻璃被我们刻碎了也刻不出玻璃杯上的花纹。

那么，这些花纹究竟是怎样刻出来的呢？

原来是氢氟酸的功劳。氢氟酸具有强腐蚀性，能强烈地腐蚀玻璃。人们利用氢氟酸的这一特性，先在玻璃上涂一层石蜡，再用刀子划破蜡层刻成花纹，涂上氢氟酸。稍后将氢氟酸洗去，刮掉蜡层，玻璃上就会出现美丽的花纹。

人们经常看到的玻璃杯等上面的刻画，就是用氢氟酸"刻"出来的。

咖啡为什么是苦的

人类喝咖啡历史已经有很长的时间了。咖啡不但成为许多人生活中的一部分，同时也带给众多艺术家创作灵感。例如德国作曲家巴赫就曾经为咖啡写过一首《咖啡》清唱剧，来描写他对咖啡的爱好。

一杯咖啡中，大概含有 30 多种不同的化学物质。这些不同的化合物带给了咖啡复杂的味道，例如酸味、涩味、苦味等等。早在 1930 年起，便陆陆续续有许多的科学家开始研究咖啡中的各种化学分子对咖啡风味的影响，但是研究咖啡苦味的却不多。

德国慕尼黑科技大学的托马斯·霍夫曼决定对咖啡的苦味加以研究。他将煮好的咖啡进行过滤，发现一些分子量最小的分子味道最苦。于是他针对这点开始进行了一连串的实验，他发现其中一个分子是绿原酸内酯。绿原酸存在于大多数的植物中，解离之后便会成为绿原酸内酯。因此他们分析一系列不同烘培程度的咖啡，来测试绿原酸内酯的含量。

他们发现烘焙生咖啡豆会使绿原酸分解成绿原酸内酯，使咖啡带有温和的苦味。再继续烘焙的结果会使绿原酸内酯分解为苯基林丹，这时便会产生强力的苦味。

知道咖啡的苦味，来自何方除了可以增加我们对咖啡的认识外，也可以为咖啡制造商找到如何减轻咖啡苦味的方法。

二踢脚怎么会飞上天

炫目的焰火

在喜庆的节日里，我们经常听到爆竹声声。但是鞭炮为什么会噼里啪啦作响，焰火靠什么力量飞上天的呢？

这和燃烧的化学现象有直接的联系。

鞭炮中填充的是黑火药，它由硝石（硝酸钾）、硫黄和木炭三种物质的粉末，按照一定的配比混合而成。硫黄、木炭都是易燃物质。硝石受热后分解出氧气，是强烈的氧化剂。放鞭炮时，首先点燃火药引线，火烧到鞭炮内部，黑火药就剧烈地燃烧起来。由于燃料和氧化剂预先都磨得很碎，混合得很均匀，一旦达到燃烧的温度，燃烧开始后，热量便迅速传递。整个燃烧过程在千分之几秒的瞬间便完成了。迅速的燃烧，产生了大量气体。气体在高温下急剧膨胀，形成强大的压力，终于冲破密闭的外壳，随着一声巨响，发生了爆炸。

"二踢脚"是鞭炮的一种，它的火药被分隔成两层。底端的"后门"堵得不严，下层火药爆炸产生的气流便会一下冲开后门，向下喷射。向下喷的气流产生出向上的推力，将爆竹推向空中。这时候，导火线恰好又引燃了上端密闭的火药，开始二次快速地燃烧爆炸，二踢脚在半空中就爆炸了。焰火也是靠火药急速燃烧爆炸产生的推力上天的。

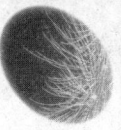

炮弹、导弹和宇宙火箭，都是靠快速的燃烧爆炸来推进的。炸药能够爆炸，这是理所当然的。

面粉、白糖，棉花甚至铝粉在一定的条件下也会爆炸。面粉厂、棉花加工厂和铝粉厂发生的爆炸事故真不少呢。这是为什么呢？原来，在这些工厂的空气里，粉尘飞扬。这些粉尘都是可燃性物质，表面积很大，和氧气接触的机会多，为燃烧提供了极好的条件，特别容易着火。这时，在车间里，如果有人抽烟，或者有火星产生，就会点着这些可燃性粉尘，燃烧很快扩展开去，形成爆炸。因此，在这类工厂和仓库里，严禁吸烟，严禁穿钉子鞋和用铁锤敲击等任何可能产生火星的动作。甚至连普通的电灯开关和电闸都不准采用，脱下合成纤维的套衫也不允许，因为这一切会产生电火花，招致爆炸大祸。

可燃性固体会引起爆炸，可燃气体更容易发生爆炸。使用煤气、沼气、液化石油气做饭，要严防泄漏。它们在房间的空气里达到一定浓度的时候，遇到一星火花就会爆炸。因此，厨房里必须经常保持空气畅通。特别是当闻到异常的气味时，就有可能是燃气泄漏，首先要打开门窗，用扇子或者扫帚将燃料气清除出去，千万不能用火柴点火来检查煤气灶和管道是否漏气，也不要立即拧亮电灯来为厨房照明。如果实在看不清，只能用手电筒照明。

橡皮筋的弹性从何而来

公元 1493 年，哥伦布第二次航行到美洲时，看到印第安人在玩一种拉长后能缩回去，跌落到地上能弹起来的东西，感到十分惊奇。当他向印第安人询问后，才知道这叫橡胶。今天，橡胶已经成为生活中不可或缺的东西了。橡皮筋拉长后又能缩回去，这是橡胶分子的作用。橡胶分子十分爱动，它们手拉手地排列着。因为每个分子总是在运动，所以它们排列的十分不规则。如果用力拉橡皮筋，那么橡胶分子就会失去活动的空间，所排列的队伍便会整整齐齐，外形上看就是被拉长了。但是，这些橡胶分子为了"夺回"原来的领域，于是就会产生一种恢复原状的力，这就是橡胶的弹性。这种橡胶，实际上是一种生胶。如果把它拉长到一定程度，分子之间的化学键被破坏了，就再也不能恢复原状。要使橡胶分子之间不发生断裂现象，就必须把橡胶分子互相联结起来，变成立体的网，这种办法，叫做交联。

1839年，古德伊尔发明的硫化橡胶，就是用硫黄做交联剂，使生胶中的橡胶分子之间也有几个地方拉起手来，变成性能优异的、有弹性的橡胶。我们现在使用的橡皮筋就是用这种有弹性的橡胶制作而成的。

怎样制作乒乓球

许多人都玩过乒乓球，乒乓球在桌面上来回跳动着，人们在乒乓球赛上总是想尽各种方法来让乒乓球快速地进入对手的球台，在各方的交战中，人们锻炼了自己的身体各部分的协调与反应速度。但是你知道乒乓球是怎么制作的吗？

乒乓球是棉花制成的，怪不得它那么轻呢。那么，人们是如何知道用棉花来制造乒乓球的呢？1845年的一天，瑞士化学家克里斯蒂安·舍恩拜因不小心打翻了硫酸与硝酸，他急忙拿起布围裙来擦拭桌上的混合液。事过之后，他将那围裙挂到炉子边上去烤干。但是围裙烘干以后，就着起火来，甚至发出爆炸的声响。原来，棉布的主要成分是纤维素，它与浓硫酸及浓硝酸的混合液接触，生成了纤维素硝酸酯。其中含氮量在13%以上的称作"火棉"，含氮量在10%左右的叫做"低度硝棉"。

火棉与低度硝棉的外貌与原来的棉花几乎一模一样，但是个性却不一样。火棉一点就着，并可在几万分之一秒燃烧完，放出的气体体积一下子膨胀几十万倍，是有名的无烟火药。

低度硝棉碰上火星也容易燃烧，但是比起火棉来可是温顺多了。1868年，印刷工约芬·韦斯利同帕克斯一起做实验。他们将低度硝棉溶解在有机溶剂乙醇中，加上樟脑，糅合均匀，再经过干燥，就得到一种特殊的材料——赛璐珞。这个名字的意思是"从纤维素而来的塑料"。

赛璐珞是第一个以天然原料加工的人造塑料，它一问世，就受到了人们

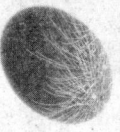

的普遍欢迎。它质轻，有良好的弹性、韧性和机械强度，可制成透明与不透明的制品，又容易染成任何一种颜色。它的缺点是热到摄氏80度时便开始软化变形，碰到火种会引起激烈的燃烧。

在历史上，赛璐珞曾被用来制造摄影胶卷、电影胶片，为发展摄影及电影艺术作出过杰出贡献。但是因为它容易燃烧，现在已经退居二线了，人们已经用其他塑料去做摄影胶卷。

赛璐珞具有优异的弹性，而且强度高、不易碎裂，因此人们用它来制作乒乓球。直到今天，赛璐珞依然是制乒乓球的最好材料，没有第二种材料能够胜过它。

赛璐珞受热后容易加工，人们用它做眼镜架。如果眼镜架断了，还可以自行修补：只需在断裂口处滴1～2滴丙酮后将断裂处压紧，待丙酮蒸发后就修补好了。

珍珠为何能发光

珍珠闪闪发光，但是你知道其中的原因吗？

原来，珍珠的表面包着一层光滑的胶质，那就是宝贵的珍珠层。珍珠层中所含的各种成分为珍珠质，珍珠质中含有90%以上的碳酸钙，另外还含有少量的有机质，一些金属元素和细微的水滴。这些固体和液体的微粒，使得光滑的珍珠层具有良好的折光性能，珍珠有了它，在光线照射下才能发出熠熠闪现的珠光，显得晶莹可爱。

由于珍珠质不是非常稳定，因此，珍珠是有寿命的。一颗珍珠一般只能存在100多年，时间久了，珍珠层里所含的水分，就会慢慢跑掉而使珍珠显得黯淡无光，最后就衰老变色，甚至干枯粉化，所以，古代的珍珠一般无法流传到今天。

珍珠的色彩多种多样，大致可分为白色、黄色、淡蓝色和粉红色四种，其中以粉红色珍珠最为名贵。据研究，珍珠层中含有一种由蛋白质色素卟啉和金属元素结合成的卟啉体，卟啉体中所结合的金属元素不同，显示出的珍

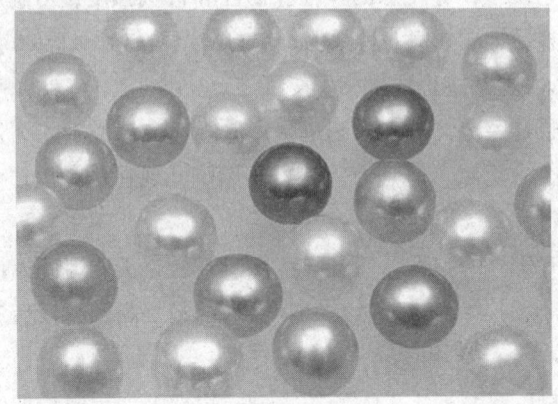

珍珠

珠颜色也各异。例如，粉红色珍珠中含钠、锌较多，黄色珍珠中则含铜和银较多。如果珍珠层中卟啉体的含量不一，珍珠色彩也就有深有浅。

珍珠除了作为装饰品以外，也是一种名贵的中药，具有镇心安神、解毒生肌、清热坠痰和去翳明目等功效，因而是珍珠丸、六神丸、安宫牛黄丸、八宝眼药等中成药的主要成分。

 知识点

珍珠形成原理

1. 外因：蚌的外套膜受到异物（砂粒、寄生虫）侵入的刺激，受刺激处的表皮细胞以异物为核，陷入外套膜的结缔组织中，陷入的部分外套膜表皮细胞自行分裂形成珍珠囊，珍珠囊细胞分泌珍珠质，层复一层把核包被起来即成珍珠。以异物为核称为"有核珍珠"。

2. 内因：外套膜外表皮受到病理刺激后，一部分进行细胞分裂，发生分离，随即包被了自己分泌的有机物质，同时逐渐陷入外套膜结缔组织中，形成珍珠囊，形成珍珠。由于没有异物为核，称为"无核珍珠"。

煮熟的虾蟹为何变红

在厨房煮虾和蟹，它们煮熟了后为什么会变红？这和化学有关。原来，煮熟了的虾蟹的外壳中，有一种颜色鲜红的色素。如果把虾、蟹的红色外壳浸到一种叫做丙酮的化学药品中，这种色素会把丙酮染成美丽的橘红色，壳体也就褪色变浅了。后来有人从龙虾卵中把这种色素分离出来，并命名叫虾青素。含虾青素的动物不只是虾蟹，许多甲壳类动物也用虾青素来装扮自己。有些小甲壳动物，主要含有虫青素，有一些蟹类体内含有蝶红素。这些色素，包括虾青素在内，都和胡萝卜素有类似的结构。它们大量而广泛地分布在自然界中，化学名称叫酮类胡萝卜素，它们是虾蟹这类动物所含色素的主要成分。

活着的甲壳类动物的体色，由于种类不同，环境的差异，可能有所不同，但是不论活着的虾蟹是什么体色，只要把它用甲醛浸泡或者加热，都同样会变成红色。这是因为生物体内的蛋白质，在受热的时候发生变性，原来同蛋白质结合在一起的色素跑了出来，才显露出红色。另外，死后的虾蟹由于体内的蛋白质变性，色素逃离，也会使得外壳变成红色。因此在选购虾蟹的时候，需要注意死虾死蟹的甄别。

头发里的化学

头发和汗毛是我们身体不可缺少的一部分。自古以来，人们就重视对头发的观察和养护，但是你了解头发中的秘密吗？

人体中的毛发分为硬毛和汗毛两类，硬毛则又分为长毛（如头发和胡须）和短毛（如眉毛和睫毛）两种。汗毛也称为软毛，除体表的柔毛外还包括耳毛及呼吸道上的纤毛。体毛分布不匀，头部多，且粗细有别，如头发直径约 0.05～0.125 毫米（平均 0.08 毫米），其他则要细得多。说起人体毛的这些差别特征，还是人类进化的结果呢，在人类的祖先猿类那里是不存在的。在进化过程中，人的体毛大都退化，只有头发数量多（占体毛的绝大部分），生长最快（每日长 0.16 ~ 0.4 毫米）。小小的毛发的生长还有周期性呢！头发生长期约 2 ~ 6 年，休止两三个月之后新发再生。人的头发最长可以长到 1.5 米（个别人可达到 3 米以至 7 米），总数的 85% 处于生长期，通常每天落 100 根。

说到毛发的化学成分，主要是角质蛋白，不酵解，无直接营养价值，且性质稳定。它包含有 2 种主要蛋白：一种为含硫元素较多的细胞间质蛋白，另一种为含硫较少的纤维质蛋白，前者通过含量高达16% ~ 18% 的胱氨酸 $[HOOC \cdot CH(NH_2) - CH_2 - S - S - CH_2 - CH(NH_2) \cdot COOH]$ 中央的 $-S-S-$ 键似楼梯横梯连接后者，形成巨大的皮质细胞，构成毛发纤维。毛母细胞分泌的黑色素系由酪氨酸经过多步合成、聚合而得，各步均受酪氨酸酶催化，毛皮质中色素颗粒集中，是毛发的显著特点。

我们别小看这些毛发，它们的作用可是大着呢。鼻毛用来过滤空气，使灰尘沉积；眉毛及睫毛可阻挡汗水、风沙以保护眼球；耳毛及呼吸道纤毛与信息传递及阻挡异物有关。

头发的功能有下面 4 种：

（1）保护作用：头发可缓冲外力如机械撞击，防晒以减少皮癌，保暖（导热系数小，含气率高，鳞片状结构增大水的接触角），吸收某些药物补充营养和治疗。

（2）排泄功能：头部的汗腺排出的汗液，可由头发帮助蒸发；皮脂腺分泌皮脂，在毛根上成膜，有助于维持体温；头发上积累各种矿物质和代谢产物然后脱落，成为机体排泄重要途径。

（3）指示：可指示人种如白种（黑色素少，发呈金黄色）、黄种（黑色素适中，发呈黑色）、黑种（黑色素多，发呈深黑色且卷曲）；可指示性状，如皮肤及头发的油性、中性及干性；可指示健康状况，头发的生长与脱落、颜色与光泽关系到身体的整体健康，也涉及特定的微量元素的积累（黑发中含铜和铁，金黄色为钛，红棕色者含铜和钴，绿发中铜量常高出正常发的几千倍）等。

（4）记录功能：由于角质蛋白的双硫键及 $-SH$ 基的作用，许多过渡金属

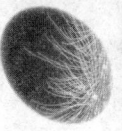

易被头发固定，并且不易再被机体吸收。角质蛋白这种代谢缓慢的特点使头发具备记录微量元素以及某些药物在体内蓄积的功能。例如对多个城市学龄儿童发中的砷、镉、铜、铅、锌的分析表明，头发中砷、镉、铅的含量可反映环境污染的影响；此外头发中微量元素含量与体内某些器官特别是骨中元素水平成正比相关。看来，头发还是记录环境监测数据的书记员和人体中微量元素的计数器呢！

现在人们已研究出了许多通过人头发的微量元素分析来诊断疾病的新方法。如在美国对侏儒症的病理诊断中，发现其头发中含锌量不到美国人平均值的一半。人们发现，不同的病症，其微量元素的含量都有不同的特征，这就为病理学诊断提供了科学的依据。此外，头发中微量元素的分析还可用于一些特殊的检测呢！如人们可用它来鉴定吸毒者，因为发中的海洛因量可检出，比血、尿的检验方便。还有人们曾用中子衍射法鉴定了拿破仑的几根头发，发现其砷含量比正常值高出 40 倍，从而证实了拿破仑死于砷中毒。人们还由头发分析确定了马王堆汉墓古尸的血型。还有报道说儿童学习成绩优良者其头发锌、钙量高，铝、镉量低，而弱智者头发锰、铅、镉量高，铬、锂量低。看来，头发的分析可望用于对人才智力的评估和优选，以及对某些疑难病症、案件的甄鉴和古物的考证等作出确定。

从以上的介绍，我们可以看出头发对我们来说是多么重要啊。因此，要重视头发的"疾病"以及日常护理哦。

在日常的生活中，头发的疾患常见病有脱发和失色。脱发又分为生理性脱发和病理性脱发两种：生理性脱发又称早秃，原因是代谢加快，生长周期缩短，化学上则与雄激素分泌不足、供血欠缺有关，这并非病态，无须用药，应改善营养，并需补充蛋白质；而病理性脱发则种类较多，需要进行身体全面检查、查明病因，对症下药。

失色是指头发失去光泽及过早白化，常见的有少白头，由遗传或精神刺激引起（伍子胥过昭关一夜白头，就是精神紧张导致头发变色的夸张），它主要是因为毛母细胞不再制造黑色素。饮食中蛋白质不足，酪氨酸酶功能障碍以及某些化学物质如苦味酸、三硝基甲苯、钴及靛蓝等的经皮吸收或污染使头发着色不正常，出现黄、棕、红、蓝色等，宜对症施治。

血液为何是红的

我们的血液都是红色，许多动物的血液也是红色的，这是为什么呢？

人们把采出的血液加入抗凝剂后，再用离心分离器，可以很容易地将血液分离成红色的固体成分和黄褐色的液体成分（称为血浆）。显然，红色成分是存在于固体成分之中的。在显微镜下观察固体成分时，可以发现它是由 3 种不同的细胞混合在一起的。它们分别称为红细胞、白细胞和血小板。在 1 立方毫米体积的血液中，它们存在的浓度分别为450 万～500 万个、6 000～8 000 个和30 万～50 万个。根据这些细胞成分之间比重的差异，采用精密离心分离法做进一步分离，可以看出红色成分是存在于红细胞中的。

在红细胞层中加入蒸馏水，由于被红细胞膜隔开的细胞内外渗透压差，而使水分渗入血球内部。随着细胞内部压力增大，最后导致膜的破裂，这时细胞内的物质就溶出到外液中（称溶血现象）。再把这种液体用离心分离器处理，就得到红色透明的上清液（称溶血液）和极少量的沉淀物。沉淀物是红细胞膜的残骸，由于把它用盐水洗涤时颜色变浅，因此红色成分的问题，最后归结为溶血液。

将溶血液再用半透膜进行透析，红色成分并不向外渗透，可知红色成分是一种高分子物质。使用盐析法等分离方法分离溶血液中的高分子物质时，得到的主要是红色的蛋白质，另外还有微量的与红细胞代谢有关的酶等。红色的蛋白质称为血红蛋白（以下用 Hb 表示），它就是我们所要找的血液中的红色成分。

在细胞中，Hb 的浓度高达35%，而就血液整体来讲，约占15%。众所周知，Hb 在体内除负担着输送氧的任务以外，对于二氧化碳的输送也扮演着重要角色。氧合血红蛋白为红色，脱氧血红蛋白为紫红色。由这种 Hb 的颜色所染成的红色血液，在所有的脊椎动物体内不断地循环。

老化了的红细胞由肝脏等加以破坏，Hb 也被分解。作为血红素分解产物的尿胆素原和尿胆素，则成为粪便的成分被排泄到体外。粪便的黄褐色就是来源于这些物质。

但是血液也不一定是红色的。一些软体动物和节肢动物的血液是蓝色的，这是因为这类动物的血淋巴中溶解有叫做血蓝蛋白的蛋白质，它也起着氧的运输作用。

身体里的化学

世界万物都是由元素构成的，我们的人体也是由化学元素组成的。

地球上所有的生命都是经过漫长的年代才最终进化成的，是大自然选择的结果。生命是随着地球46亿年的进化发展而来的，最初的地球到处都是化学物质组成的，没有任何生命的迹象，这些与生命没有任何关联的化学物质我们叫它无机物，又经过了数以亿计的年月，从海洋温暖的海水和地球火山喷发后的海水里，无机物经过复杂的变化终于萌发出了生命最初的胚胎——一种蛋白质。生命一旦开始，便不断地向前发展了，它们不断地吸收营养物质，进化着自己，从蛋白质、单细胞、多细胞、植物体、动物，一切生物都在无机物的世界里产生了出来。

人类进化到今天，正是由于吸收了大量的无机物质经过复杂的生物化学转化，才形成了人这样高智商的灵长类动物，可以说人是最复杂的有机物。所谓有机物，正是在无机物的世界里才可能存在、发展。因此，人的身体是多种化学元素的物质构成。

现在人类所知的130多种元素中，在人体中就含有60多种，当然，这60多种元素依据人体这个复杂的有机物各部分对它们的需要的不同而含量不同，并且差别很大。含量最多的氧元素占身体总重量的65%；含量少的钴元素还不到10亿分之一。我们通常把含量高于1/10 000的元素，叫宏量元素；含量低于1/10 000的元素，叫痕量元素。

人体中的宏量元素共有11种，它们是氧、碳、氢、氮、钙、磷、钾、硫、钠、氯、镁等。

宏量元素的差别也是很大的，其中氧、碳、氢、氮就占了人体总重量的

96%，其他 7 种占了 3.92%，合起来 11 种元素占人体总重量的 99.95%。人们通常把碳、氢、氧叫做"生命的三要素"，把人称为"碳水化合物"，就是指人体中的主要元素成分而言的。

人体里的元素，也并非都是有益而必需的。除 11 种宏量元素和部分痕量元素是必需的外，有些痕量元素并非是必需的。还有像镉、汞、铅等十几种元素都是有毒的。但这些不必要的元素为什么存在于人体中，它们对人体真的没有用处吗？这些还有待于科学家进一步从整体上研究发现。

宏量元素都是人体的必需元素，但是并不是多多益善。对于急需抢救的休克病人或初生的窒息婴儿来说，呼吸纯氧是必要的，以便促进呼吸作用的进行。但对于健康人来说，呼吸 100% 的纯氧非但无益，反而有害。因为纯氧会损伤肺部功能。食盐中所含有钠和氯离子，都是人所必需的，正常人每天需摄入 6～12 克食盐以维持平衡。但若摄入过量，人就要大量吸收水分以维持渗透作用的平衡，整个血液容量就会增加，从而使心脏负担加重，以致诱发或加重心脏病。因此，医生总要叮嘱那些心脏病、高血压、特别是出现浮肿的肾炎患者，采用低盐或无盐饮食。

对于人体中各种元素的研究人们历来非常重视。目前，人们已经千方百计地改善饮食，以保证现在生活某些元素的需要。而许多的研究已经证明，人体中有许多的元素在生命体中都扮演着重要的角色。

首先是碳水化合物，水的比例一般占到了人体的 80% 以上，这是维持人生命的活力、体内细胞的活性以及皮肤弹性的首要成分。最初的生命从海洋中诞生就预示了生命不可能离开水。因此，人每天需要吸收大量的水分以调节人体的各项机能，如帮助完成新陈代谢，人体中的许多杂质、废物都要随水排出，从而使人体更加健康。在我们日常生活中，要多饮水，才能保证身体的水分充足。

还有许多的宏量元素我们在生活中也经常接触，如钙，它是人体骨骼的主要成分，它的吸收和存在，有利于人身体发育。现在许多含钙食品、钙片就是帮助发育期的青少年儿童通过补钙的形式促进骨骼的发育、壮大。

除了宏量元素是人体中不可或缺的，其他的痕量元素也在人体的长期生物进化中形成的吸收利用机制中起着重要的作用，它们都是处于一个身体内

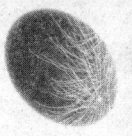

部联系紧密的有机整体，共同发挥着作用。

例如铁，在人体中的含量微乎其微，仅占人体的0.004%，但它却是血红蛋白的一个重要成员，否则血红蛋白就难以形成，通过呼吸进入体内的氧，也就无法输送到全身的各个细胞中去了，这将危及人的生命。如果血液中的含铁量不足时，就会产生缺铁性的贫血，导致血液流通不畅，血液供氧能力减弱，甚至暂时停止。缺铁性贫血的人往往脸色苍白，严重的会产生晕倒的现象。如果儿童有轻度缺铁，就会使脑供血不足，使其注意力降低，影响学习的效果。

但如果人体中只有足够的铁而缺铜也是不行的。没有了铜，人的造血机能同样会受到影响造成贫血现象。人体中铜含量更少，还不到铁的1/60，它以二价铜的离子形式存在。

我们熟悉的生物体内的酶就是进行生物化学反应的催化剂。在人类已知的上千种酶中，大多含有金属的成分。人体中有的酶就含有二价铜离子，如抗坏血酸氧化酶、细胞色素氧化酶等。如果缺了铜，酶的催化作用就不存在了。

在日常生活中，有的白癜风病人局部皮肤色素脱失，就是缺铜所引起的，所以医生有时要用硫酸铜来治疗。体内缺铜还会引起头发变白、动脉硬化、胆固醇升高等病症。

当然，无论是铁、铜还是别的痕量元素都是依据人体的需要量决定的，都有一定比例，过犹不及，如铁过多，会使人恶心、呕吐，铜含量过高，会引起中毒，甚至死亡。

现阶段，人类已查明的必需的痕量元素有10种，它们是铁、锌、铜、铬、锰、钴、氟、钼、碘、硒等，前四种可称为生命攸关的"四大金刚"。已查明的有毒元素有10种以上，它们是镉、汞、铅、锗、锡、锑、铝、铋、镓、铟、铊等，它们的有毒性也是指超过一定比例而言的，在一定范围内它们的毒性对人体有何作用，这是科学家正在进　步研究的问题。人体中还有许多元素在人体中的本领还未被人类查清。

可见，人体是一个复杂的化学有机体，这种化学成分依靠一定的顺序排列。

奇妙的胃

我们吃的食物都是通过胃来消化、逐步被人体吸收的，但是它为什么会有如此强大的功能呢？人们对胃的构造产生了浓厚的兴趣。

现代科学研究已弄清楚了它准确的结构要素。胃的内壁上有着无数的皱褶，皱褶的表面覆盖着一层黏膜，黏膜的外面是平滑肌，平滑肌的外面还覆盖着浆膜。

我们吃进的食物经过食道进入胃部后，胃即通过肌肉的不断的收缩，对食物进行捏和，使食物与胃液充分混合在一起。胃液是由黏膜层中的腺体细胞分泌出来的，其中含有盐酸、胃蛋白酶原和黏液等。胃蛋白酶原在盐酸的作用下转变成胃蛋白酶，它起着分解食物中蛋白质的作用。

盐酸是一种腐蚀性很强的酸，它在胃中的浓度较高，它不但具有杀死食物中细菌的作用，还具有促进生成胃蛋白酶的作用，具有这样浓度的盐酸在试管中能把锌粒溶解。

黏液主要是由糖和蛋白质结合在一起所形成的粘蛋白、类粘蛋白质、糖蛋白质等这一类物质所组成。黏液把食物包裹起来，它不但起着润滑剂的作用，而且还起着保护胃黏膜的作用，使其不受食物等引起的机械损伤。

胃液不但能够消化食物，而且还是一种强腐蚀性的液体。尽管如此，它为什么不能损害健康人的胃黏膜呢？

虽然人们对此早已产生过疑问，但是自从1824年，普鲁特发现了胃内存在着盐酸，1836年施沃恩发现了胃蛋白酶之后，至今人们也没有完整的理论来解释这一现象。人们很早就已经猜测到胃所以不能消化自己，是不是因为胃黏膜或者胃液内有着抵抗盐酸及胃蛋白酶的防御机构和防御因子。随后人们又企图用实验的方法加以验证。现在，人们仍然致力于从物质结构水平，包括物质的组成、结构、功能等方面来搞清这类防御机构和防御因子。

可以设想，分泌盐酸的胃壁，如果没有受到任何防御机构的保护，则盐

酸还可能倒流到中性的胃壁细胞和间质液里面去，然而这种现象并没有在健康人的胃里发现。其所以不会倒流，关键在于黏液构造的表层，即覆盖在黏液表面的柱状上皮细胞起着屏障作用的结果。在防止酸性溶液侵入黏膜内部的过程中，如果因为某种原因，上皮细胞遭到破坏，黏膜受到酸的侵袭时，黏膜也会和酸发生积极的反应。黏液对盐酸具有一定程度的缓冲作用，所以它也能防止黏附在胃黏膜表面的酸透入到内部。

胃黏膜的上皮细胞不停地进行着代谢，使细胞不断更新。这样就能起到阻止胃蛋白酶吸附到黏膜上，防止透过黏膜，从而达到保护胃壁，使之免受胃蛋白酶消化的作用。近来人们发现，存在于黏膜中的最重要的物质是胃蛋白酶防御因子，是直接抑制胃蛋白酶活性的各种糖类（硫酸软骨素等一系列多糖类硫酸酯）以及糖蛋白质（糖蛋白硫酸酪、酸性糖蛋白质等）。

研究结果表明，胃黏膜中存在着含糖比例不同的各种糖蛋白质，在这些糖蛋白质中，有一些是难被胃蛋白酶消化的，另一些是不能被消化的，还有一些是抑制胃蛋白酶活性的。从胃黏膜中分离出来的几种抑制胃蛋白酶活性的糖蛋白质，都是含糖量很高（70%～90%）、分子量很大的物质。

此外，从胃黏液中也分离出多种糖蛋白质。人们在研究它们和胃蛋白酶的相互作用后得知，在具有抑制胃蛋白酶活性的糖蛋白质中，有一种是分子量为50万、含糖90%的酸性糖蛋白质。这种糖蛋白质的化学结构和性质跟存在于血清中的、容易为胃蛋白酶消化的糖蛋白质不同。黏液中分离出来的糖蛋白质，几乎都不被胃蛋白酶所消化，并且其中有几种还能抑制胃蛋白酶的活性。这些糖蛋白质为什么不能被胃蛋白酶所消化，是现在正在研究的课题，估计人们会很快把它搞清楚。

关于胃液为什么不会消化胃本身的问题，上面只是从胃对胃液的防御机构和防御因子两个方面加以阐述。此外，通过计算知道：人的胃黏膜细胞，每分钟大约形成50万个新细胞，胃内的全部黏膜细胞，3天就可以得到一次更新。因此，它在受到某种损伤以后，具有迅速恢复的能力。这种惊人的更新能力，也是胃自己不能消化自己的另一重要因素。

不过，胃为何不能消化自己还有许多的疑问，我们现在还不能完全解释清楚，这还需医学专家进行进一步的研究。

铝鸭子为何长出毛来

让我们来做一个有趣的小实验，制作的铝鸭子会神奇的长出毛发。你不信吗？那就快来试试吧。

首先找一张铝箔或用一张香烟盒里包装用的铝箔，把它折成鸭子状（注意有铝的一面向外）。然后用毛笔蘸硝酸汞溶液，在铝鸭子周身涂刷一遍，或将铝鸭子浸在硝酸汞溶液中洗个澡，再用药水棉花或干净的布条把鸭子身上多余的药液吸掉。几分钟以后，你会惊讶地发现铝鸭子身上竟长出了白茸茸的毛！更奇怪的是，用棉花把鸭子身上的毛擦掉之后，它又会重新长出新毛来。

你一定会很好奇，铝鸭子为什么会长毛呢？长出的毛到底是什么呢？

原来，铝是一种较活泼的金属，容易被空气中的氧气所氧化变成氧化铝。通常的铝制品之所以能免遭氧化，是由于铝制品表面有一层致密的氧化铝外衣保护着。在铝箔的表面涂上硝酸汞溶液以后，硝酸汞穿过保护层，与铝发生置换反应，生成了液态金属——汞。汞能与铝结合成合金，俗称"铝汞齐"。在铝汞齐表面的铝没有氧化铝保护膜的保护，很快被空气中的氧气氧化变成了白色固体氧化铝。当铝汞齐表面的铝因氧化而减少时，铝箔上的铝会不断溶解进入铝汞齐，并继续在表面被氧化，生成白色的氧化铝。最后使铝箔折成的鸭子长满白毛。

这个小实验有意思吧，但是在你动手做的时候，千万要注意安全，最好有同学或者老师的陪同，因为硝酸汞可是对人有危害的物品哦。

不会燃烧的布条

当我们用火烧一个棉布条的时候，你会看到棉布条很快就燃烧起来，发出黄色的火焰。燃烧后只剩下少量细软的灰色粉末。棉布为什么能够燃烧？

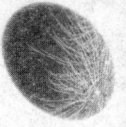

燃烧后变成了什么？棉布的纤维是由碳、氢、氧等元素组成的。当点燃后，在空气中氧气的作用下，纤维变成了水汽和二氧化碳跑掉了，剩下的灰末是少量杂质形成的。这个实验虽然简单，却也包含了一般燃烧必须具备的3个条件：第一，有可燃物——棉布；第二，在空气中点燃，有氧气的作用；第三，有一定的温度——用火点燃，等于给棉布加热，使它达到着火点。那么，有没有遇火不着的棉布吗？可以通过一个小实验来告诉你有没有。

准备一点磷酸钾和明矾。磷酸钾是一种常用的化肥，明矾一般家庭里都有。把它们分别放在两个杯子里，加水溶解，配成浓度约为30%的溶液。取一个棉布条，把它放在磷酸钾溶液里浸透，取出晾干；再放入明矾溶液里浸透，取出晾干。然后用火去点燃它，这块布条却无论如何也烧不起来了。

为什么浸过磷酸钾和明矾溶液的棉布条烧不着呢？磷酸钾和明矾都是不能燃烧的物质，棉布条用它们的溶液浸透、晾干以后，就形成了磷酸钾和明矾的保护层，它们像墙壁一样把棉布条和空气隔开。接触不到氧气，失去了燃烧必须具备的重要条件，用火去点燃，当然就烧不起来了。这个实验说明，通常所说的燃烧，必须同时具备上面谈到的三个条件，缺一不可。同时，它也告诉我们，并不是所有的物质都能燃烧。在一般情况下，不跟氧起剧烈反应的物质都不能燃烧，我们在这个小魔术里用到的磷酸钾和明矾就是这样的物质。另外，像常见的石头、泥沙、玻璃等物质也都不能燃烧。原来，它们都是各种物质氧化后的产物，不能再跟氧起化学反应了。

玻璃可以溶在水中吗

在今天，我们的生活中处处都有玻璃的身影，但是你知道它是怎么被人们制作出来的吗？

原来，玻璃是人们将石英砂、纯碱、石灰石在摄氏1 400多度的高温下熔融，冷却后即成为硬邦邦的玻璃了。玻璃是不溶于水的，甚至是那种腐蚀性极强的"王水"（一体积硝酸和两体积盐酸的混合物），因此，玻璃可用来盛放各种水溶液以及酸碱溶液。

但是，有一种玻璃却可以在水里溶解，你见过吗？你只要把这样一块小玻璃放到热水中，没多久，玻璃就"消失"了，这到底是怎么回事呢？

原来，这种能在水里"失踪"的玻璃是一种经过独特的方法制造的，它与普通玻璃的制造方法不同，少了一种原料。它只用石英砂和纯碱在高温摄氏 1 400 多度下熔融，冷却而成的。

人们把这种能在水里溶解的玻璃称为水玻璃，在工业上叫做泡化碱，它是一种可溶的硅酸盐，由含不同比例的碱金属氧化物和二氧化硅组成，制造水玻璃的化学反应为：

$$Na_2CO_3 + nSiO_2 \xrightarrow{\text{高温}} NaO \cdot nSiO_2 + CO_2 \uparrow$$

其中 n 可以在 1~3.9 之间变化。

水玻璃溶液很黏稠，呈青灰、黄绿或微红色，无色透明的质量最好。水玻璃究竟有哪些用途呢？

水玻璃的用途可多了。鲜鸡蛋放在水玻璃溶液里浸一下，竟可放置一二年之久而不变质，打开鸡蛋来，还是新鲜得很。这是因为水玻璃有杀菌的作用，并且能充填到蛋壳的孔隙中，使鸡蛋与外界隔绝，阻止微生物侵入蛋内。

水玻璃还能防止金属腐蚀。比如制造飞机用的铝合金——杜拉铝，既轻又坚硬，但耐腐蚀性不够好。而用水玻璃浸过的杜拉铝，放在食盐水中，经过 120 小时后才开始发生腐蚀，耐蚀性比原来提高 39 倍。原来，水玻璃与铝接触时，铝被水玻璃水分解后生成的苛性碱溶解，铝表面带正电荷的铝离子吸引带负电荷的二氧化碳胶体微粒，发生聚集及凝结；二氧化碳转变成的硅酸凝胶在金属表面上形成保护膜，使铝不再被腐蚀。正因为水玻璃具有这种本领，因此被广泛地用来防止冷冻机、锅炉、电解槽等的腐蚀。

水玻璃中调入颜料以后，可以像油漆一样涂刷墙壁，形成一层牢固的薄膜。它对于三合土、砖瓦、沙子也有同样的作用。1918 年，有人在瑞士兴修了一条"玻璃马路"；先用碎石把路基铺好，再浇上一层水玻璃和细沙的混合物。这种"玻璃马路"不但十分坚固，而且刮风没有尘土，下雨没有烂泥。它的缺点是成本较高。如今，这种马路在世界上已经铺了好几千千米。

在铸造工业中，水玻璃也大显身手。它析出的无定形的二氧化硅是一种

优良的黏结剂。将水玻璃拌入型砂，造好型，再通入烟道气（里面含有二氧化碳）或纯二氧化碳，仅需数十分钟或数分钟便可硬结。其反应过程是：

$$Ca_2O \cdot nSiO_2 + CO_2 =\!=\!= Na_2CO_3 + nSiO_2$$

水玻璃可使砂型干燥期缩短，它已被广泛用于电气仪表、飞机、汽车、拖拉机等的精密铸造当中。

水玻璃还是制皂工业中最好的填料。它可以增加肥皂块的硬度，防止肥皂酸败，增强肥皂的洗涤能力。

水玻璃从 1818 年发现以来，至今已有 100 多年了。随着科技的发展，水玻璃会得到越来越多的应用。

镜子是怎样制成的

说起镜子，大家都很熟悉，我们在里面可以看到自己的形象，它的发展意义深远。

据说，曾有心理学家做过这样一个实验：一个婴儿在照过镜子以后，他会很好奇，便绕到镜子后，看是否有一个和他一模一样的人，但经过多次观察，他终于发现了这个镜子中的人就是他自己；如果把同样的大镜子放在一个从没有见过镜子的猴子面前，猴子也会表现出同样的好奇来，它会绕到镜子后去寻找镜中的猴子，然后再绕到前面观察镜中的猴子，如果实验不停止它就会一直寻找下去。这个实验中婴儿与猴子的不同表现，说明了人具有"自我"这样的观念。

正因为有了这个观念，人类才要寻求自我，认识自我。

在原始时代，由于没有镜子，人们只能靠水来看自己的样子。进入青铜器时代以后，人们想要看清自己的模样的好奇心更加强烈了。于是铜镜应运而生。古人说："人以铜为镜，可以正衣冠；以古为镜，可以见兴替；以人为镜，可以知得失。""以铜为镜"中的铜，即青铜磨制成的镜子。铜镜只能使人看到一个不很清晰的影像，如果保存不当，它会受潮变暗，那就什么都看不到了。

人类使用青铜镜的历史长达两三千年之久。以后，人们又尝试了用铁、用银来磨制镜子，但是它们都有一个缺点，日子稍久，就会变暗。这是因为空气中的水蒸气、氧气、二氧化碳等腐蚀金属表面造成的。能不能用透明的物质把金属与空气隔绝起来，不使金属表面受到腐蚀呢？但是想要实现却很困难。

直到后来，人们发明了玻璃材料，玻璃在遮住一室光线的情况下具有很好的成像效果。受了这种启发。13世纪后半期，当威尼斯人制成了平板玻璃之后，他们在平板玻璃后面粘上一块金属板，就制得了较为理想的镜子。但是这种镜子贵得出奇，当时的法国女王玛丽·麦迪奇结婚时，威尼斯共和国赠送给她一面镜子作为礼物，镜子只有一本书那么大，可它却值15万法郎！

后来人们又研究出了制造廉价实惠的镜子的方法，用水银（汞）代替金属板。这种镜子光亮度很好，成本也低，普通人家就能买得起。可是水银蒸气有毒，工人在制镜子时常常发生水银中毒的事故，每年要夺去不少制镜工人的生命。一直到100多年后，用银来代替水银做镜子，才没有了制镜工人的中毒事故。

那么，我们的镜子是怎样制造的呢？

首先，选择没有气泡的玻璃，将它磨平整（这样照人影时才不会走样），用碱洗干净（否则银镀不上去）。然后取硝酸银配成一定浓度的溶液，加入适量氨水，再加入适量还原剂。将配制好的溶液倒在玻璃上，硝酸银就被还原成金属银沉积在玻璃板上，制成了镜子。为了防止银发暗和脱落，最后还得在镜子背面涂上油漆保护起来。

硝酸银还原的反应过程：

$$AgNO_3 + 3NH_3 \cdot H_2O === [Ag(NH_3)_2]OH + NH_4NO_3 + 2H_2O$$
（硝酸根）　　　（氨水）　　　（银氨络合物）　　　（硝酸铵）

硝酸银溶于氨水成为银氨络合物，可溶于水，接着：

$$HCHO + 2[Ag(NH_3)_2]OH === HCOONH_4 + 2Ag\downarrow + 3NH_3\uparrow + H_2O$$
（甲醛）　　　（银氨络合物）　　　（甲酸铵）　　　（氨气）

或：

$$CH_2OH(CHOH)_4CHO + 2[Ag(NH_3)_2]OH === CH_2OH(CHOH)\text{-}$$

$4COOH + 2Ag\downarrow + H_2O + 4NH_3\uparrow$

上面是化学反应中著名的"银镜反应"。不仅镜子是这样镀银的。保温瓶胆也是这样镀银的。

现在，我们每天用到的镜子都是这样制作的，我们也终于看清了自己。

衣服的颜色从何而来

我们的衣服五颜六色，这些美丽的颜色是从何而来呢？

棉花、蚕丝、羊毛本来是白色的或者浅黄色的，它们的织物全靠染料染上美丽的色彩。染料是各种各样有色的化学物质，绝大多数是有机化合物。

在没有发明合成染料以前，古代人是用天然的染料染色的。我国在3000年前已经学会从蓝靛草、茜草根和紫草里得到蓝色、绛红和赤紫的染料；古代腓尼基人从一种海螺里提取"骨螺紫"——名贵的紫色染料，因为来之不易，只供王公贵族享用，叫做"帝王紫"。还有一种仙人掌上长的胭脂虫，从好几万只这种小昆虫里才得到50克胭脂红染料。这些来自动物或植物的天然染料，实在难得，在合成染料出现后，很快就被淘汰了。

现在，只要花很少的钱就可以买一包染料，把染料溶解在热水里和布一块儿煮，就可以染出各种颜色。染料本身有颜色，它溶解在热水里后，被纤维紧紧抓住，纤维便染上了颜色。丝、毛的纤维是蛋白质高分子，它由几百个氨基酸连接起来，氨基酸既有酸基，又有氨基。酸基显酸性，氨基显碱性，容易和碱性或者酸性染料分子结合成盐。因此，丝、毛织品染色不难。棉、麻纤维却是中性的聚葡萄糖高分子。要染上色，就需要"媒染剂"将染料和纤维"撮合"在一起。

你染过红指甲吗？可以摘几朵红色的凤仙花，捏一点明矾，和凤仙花瓣糅合在一起，敷在指甲上，用布裹上。第二天，指甲就染红了，洗都洗不掉。明矾使凤仙花的红色染料牢牢地挂在指甲的蛋白质高分子上。它还可以促进纤维和染料结合。染棉布时，先用明矾浸湿，然后在热蒸汽房里通过。明矾的化学成分是硫酸铝钾，它遇热迅速水解成黏黏糊糊的氢氧化铝胶体，紧紧地粘在棉纤维的表面上。当棉布浸到染缸里的时候，染料很容易挂在氢氧化铝胶体上，布就染上颜色了。除了直接染料、媒染料外，还有一种活性染料。它是染料中发明较晚的一种，染出的颜色特别坚牢，不怕水洗，永不褪色。原来，它的分子上有活泼的反应基团，遇上纤维的某些基团就狠狠咬住不放，和纤维紧密结合成一个整体，形成比较理想的染料。

人造纤维和天然纤维本质上差不多，很容易像棉、麻、丝、毛那样染上颜色，因此人造丝、人造棉有绚丽的颜色。但是，合成纤维的染色情况却大不相同。只有锦纶的分子和蛋白质有点相似，染起色来和丝、毛差不多容易。涤纶、丙纶、氯纶等染色却很困难，因为它们和染料不沾边，不挂钩，媒染剂也黏附不上。人们只好在喷丝前，将染料预先混进原料里，喷出带色的丝，织物才有颜色。反过来，要使色布变白，用漂白剂把染料分子破坏掉就行了。

火柴的来历

据记载，世界上最早的火柴是英国化学家波义耳于 1680 年制成的。当时的火柴分两部分，一部分是在木质细棒一端黏上硫黄颗粒，另一部分是在粗糙的纸上涂上一层磷。取火时只要用细棒中有硫黄的一端在磷纸上擦划一下，木棒就会被点燃。从此，各种各样的火柴纷纷出现。到 1827 年，一位名叫华尔克的英国药剂师用氯酸钾、硫化锑和树胶制成了第一根摩擦火柴。使用时只要在砂纸上一擦就燃。1855 年瑞典人伦兹托姆发现了一种新型的火柴——引火材料一部分在火柴梗上，一部分在火柴盒的砂纸上，形状虽则与今天的火柴差不多，但那时的火柴梗在墙壁上也能擦着，是不安全的。

现在的火柴比较安全。虽然在火柴头上都是容易着火的东西，但是只有在火柴头同火柴纸擦划时，才能着火。这种火柴是用三硫化二锑和氯酸钾制成的，本身不会着火。火柴盒边上涂有红磷，当火柴梗在火柴盒边上一擦，火柴头上就沾上了红磷，红磷一经摩擦就会受热着火，它使火柴头上的氯酸

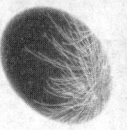

钾也受热，放出氧气，同时放热并引燃三硫化二锑，于是，"嗤"的一声，火柴点燃了。火柴杆是预先用石蜡和松香的混合物浸过的。所以火柴头点燃后，火柴杆就一直能烧到底。现代已有各种特种用途的火柴。有的能在 10 级以上的大风中燃烧而不熄灭，称为防风火柴；有的在水中浸上几小时，也能继续燃烧，叫做防水火柴；有的用钢针代替火柴杆，只要在钢针上插上一颗火药球，再在磷层上一擦就能燃着，又叫无梗火柴；有的在遇险求救时能放出红色信号，有的能告诉人们缺乏淡水而发出绿色信号，它们都叫信号火柴。

离不开的纤维

在原始社会，我们的祖先是没有今日艳丽保暖的衣服穿的，那么他们是靠什么来抵御风寒的呢？

人们最开始是寻找天然的衣裳。最先找到的是树叶、整张的兽皮，等到学会了纺纱织布，这才出现了麻布。后来又知道种桑养蚕，用蚕丝去织造绸缎。我们今天常穿的棉布，出现的年代反而比麻布和绸缎晚得多，所以在古代的诗文中，桑麻被提到的最多。

棉、麻、丝、毛，这些天然的纤维物质都是来自动植物的有机化合物，它们的主要成分都是纤维素，碳是它们的骨干材料。碳原子和其他元素的原子结合成一个个小单元，这些小单元又联结成串，好像铁环一个套一个连接成长长的链条，链节的数目往往多达好几百，而分子量高达好几万，因此，被称为高分子化合物。我们生活中接触到的高分子化合物很多，比如前面讲到的淀粉、蛋白质，后面要说到的日用品里的橡胶、塑料，也都是高分子化合物。纤维的导电、传热能力很差，加上纤维分子卷曲缠绕、左钩右连，形成许多缝隙洞穴，包藏不少流动困难的空气，使热量不容易穿过纤维层，这就是衣服能帮助我们保暖防晒的原因。

虽然纤维的外貌看起来十分的相似，但是从化学角度来说，它们的构造却有很大的差别，棉、麻燃烧起来像柴草，没有什么臭味；毛放在火焰里，会迅速地卷曲起来，还伴有声音，发出一股刺鼻的臭味。这样就能把它们区别开来：棉、麻是植物纤维，和木材里的木质纤维素相似，它的基本单位是碳、氢、氧三种元素组成的葡萄糖，燃烧后生成二氧化碳和水汽，所以没有气味；丝、毛是动物纤维，和指甲、肌肉的蛋白质差不多，是由氨基酸组成的，除了碳、氢、氧，还含有硫和氮，那刺鼻的臭味就是硫燃烧以后生成的二氧化硫造成的。

盐酸可以使纤维分子断裂。将木质纤维素和盐酸一块儿煮，一个个葡萄糖链节就被盐酸"切"断，变成葡萄糖。锯末、刨花经过盐酸处理，可以生产出葡萄糖。有些葡萄糖就是用这种化学方法生产的。棉麻织品容易被酸腐蚀，就是由于酸能破坏植物纤维。棉、麻不太怕碱。弱碱和植物纤维作用，会生成一层丝光物质，大大增强纤维的着色能力，并且能使织物光滑、柔软又耐折皱。丝光毛巾、丝光床单的生产过程中都有碱处理这一步。但是，强碱不行，苛性钠能损坏棉、麻织品。丝、毛对酸的耐受力比较强。在化工厂里，为接触腐蚀性酸溶液或蒸汽的工人做工作服，往往选用毛呢料子。除了毛料弹性好，不容易起皱，还由于组成毛纤维这条长链条的有些氨基酸链节有两个硫原子搭起的"桥"，这些桥好像小弹簧一样，拉它一下，它很快就会恢复原状。熨烫衣服时，纤维受热变形，也只能任人摆布了。

理发吹风做发和熨烫衣服是相同的道理。而用化学烫发，保持的发型比较持久，那是因为用化学药剂"切"断毛纤维上的"小弹簧"，卷曲成一定形状后又换用一种化学药剂，这些"小弹簧"会选择挨着自己近的其他"小弹簧"重新连接起来。

纤维在生物科技中的应用

随着生物科技的发展，一些纤维的特性可以派上用场。类似肌肉的纤维可制成"人工肌肉"、"人体器官"。聚丙烯酰胺具有生物相容性，一直是人体组织良好的替代材料，聚丙烯酰胺水凝胶 高吸水吸湿纤维
能够有规律地收缩和溶胀，这些特性正可以模拟人体肌肉的运动。胶原

是人体中最多的蛋白质，人体心脏、眼球、血管、皮肤、软骨及骨骼中都有它的存在，并为这些人体组织提供强度支撑。合成纳米纤维能在骨折处形成一种类似胶质的凝胶，引导骨骼矿质在胶原纤维周围生成一个类似于天然骨骼的结构排列，修补骨骼于无形之中。

骨头的妙用

当我们吃完排骨，往往会将骨头当做垃圾扔掉，但是你知道吗？骨头的用途有很多哩。

在废品收购站里，牛、猪、羊等的骨头是收购的重点对象之一。当骨头从肉类加工厂、餐馆、食堂以及千家万户汇集到废品站之后，就被运送到化工厂。

为了加工方便，化工厂先将它粉碎为小的骨块。然后将骨块放在锅里，让它同有机溶剂——苯充分接触。苯的本领很大，它无孔不入，深入到骨块脂肪组织的细胞里，硬是把里面的"骨油"给"请"了出来。这种利用油类很容易溶解在苯中的特性，从而将物质分离出来的方法，化学上叫做"萃取"。萃取法比"榨"、"熬"的办法提油更彻底、更干净。然后只要将萃取出来的苯和油混合物，用加热的办法，把沸点较低的苯蒸馏出来，留下的产品就是骨油。

骨油是人们制造肥皂的重要原料。从骨油中还可提炼出甘油、硬脂酸等化工产品，骨油还是制造代替金属的工程塑料的重要原料。

已提炼出骨油的骨块，经过二氧化硫漂白、杀菌，再放入锅中用蒸气蒸煮。这样一下来，藏在骨头中的胶元纤维再也待不下去了，只好从骨头的网状组织里钻出来溶解在热水中，成为胶液。将胶液中的水分蒸发掉，就得到金黄色的半透明状的一颗颗骨胶了。

骨胶是良好的黏合剂，制作航模、船模时少不了，骨胶还可用来胶合砂轮、砂纸、家具、铅笔、乐器等等。做火柴盒侧的磷皮、火柴头、配制防雨浆、电镀液……都用得上骨胶。骨胶还是我国传统的出口物资呢！

151 **有趣的化学**

　　如果骨头原料精选、化学处理方法讲究，还可从骨头中提炼出明胶呢！明胶是白色半透明或透明的固体，成分与骨胶相似，但是更为纯洁。明胶的作用可大着呢！鱼肝油丸的外衣就是明胶加工制成的。在医药方面用于调制丸药、药膏，治疗血友病、紫斑病、动静脉病症等。它还有一个重要用途，就是用来制照相胶卷、电影胶片和感光印机纸。食品店中的软糖、奶油糖、巧克力、奶油蛋糕、冰淇淋……也要用明胶作增稠剂。据统计，要用到明胶与骨胶的行业竟有 30 多个，涉及一两千种产品！

　　骨头经过提油、蒸胶后留下的骨渣还有没有用呢？当然是有用处的。学过生物学以后，我们知道了动物的骨骼中除了有机物质以外，还有大量的无机营养物质，如磷酸钙、碳酸钙和其他许多有用的矿物质。将骨渣磨成骨粉，可以作为猪、牛、鸡的饲料，促使它们发育成长。这是用在畜牧业、家禽养殖业方面。

　　我们如果到过农村，还会了解到农民伯伯会在耕田的时候给田撒上些骨粉，这是施肥吗？是的，我们刚才已说了骨渣中有着大量的矿物质。原来，骨粉还是很好的肥料呢！骨粉中含有氮 2%～6%，五氧化二磷 15%～28%，可是肥料中的宝贝。骨粉中的磷以磷酸形式存在，溶解度小，是一种迟效肥料，它一般用作基肥。施过骨粉的农作物，谷粒粗大、结实饱满；葡萄、甘蔗、甘薯长得更甜；小麦磨成的面粉做成的面包、馒头烤发起来更加疏松。

　　骨粉经过盐酸与石灰处理后，可制成磷酸氢钙的白色粉末。磷酸氢钙是高级牙膏的摩擦剂，还可制成药用的钙片。磷酸氢钙是比骨粉更易被植物吸收的磷肥。据试验，适当施用磷酸氢钙，棉花可增产 15%，甜菜可增产 26%。

　　看到了吧，即使是被当做垃圾丢掉的骨头也有这么多的用途，所以，读者们以后在吃完骨头后，不要随便乱扔了，把它送到废品收购站，让它继续为我们的生活服务。